南海海域天然气水合物识别技术

NANHAI HAIYU TIANRANQI SHUIHEWU SHIBIE JISHU

鲍祥生　主编

中国纺织出版社有限公司

内 容 提 要

本书首先介绍了天然气水合物概况、海域水合物地震岩石物理理论、南海地理位置及南海沉积盆地，接着介绍了天然气水合物正演模拟技术、实验技术及预测技术，最后介绍了天然气水合物预测技术在南海海域的应用。

本书可作为地质勘探及相关专业的教材，也可作为从事海域天然气水合物勘探研究人员的参考书。

图书在版编目（CIP）数据

南海海域天然气水合物识别技术 / 鲍祥生主编. -- 北京：中国纺织出版社有限公司，2021.7

ISBN 978-7-5180-0122-4

Ⅰ. ①南… Ⅱ. ①鲍… Ⅲ. ①南海–天然气水合物–识别 Ⅳ. ①P618.13

中国版本图书馆CIP数据核字（2021）第110289号

责任编辑：孔会云　　特约编辑：陈怡晓
责任校对：王花妮　　责任印制：何　建

中国纺织出版社有限公司出版发行
地址：北京市朝阳区百子湾东里 A407 号楼　邮政编码：100124
销售电话：010—67004422　传真：010—87155801
http://www.c-textilep.com
中国纺织出版社天猫旗舰店
官方微博 http://weibo.com/211988771
三河市延风印装有限公司印刷　各地新华书店经销
2021 年 7 月第 1 版第 1 次印刷
开本：710×1000　1/16　印张：6.25
字数：90 千字　定价：45.00 元

前言

天然气水合物是一种非常规能源，主要分布于深海沉积物和陆域的永久冻土中，是21世纪潜在的新能源。天然气水合物的能量密度很高，1m^{3}天然气水合物在标准状态下可释放出164m^{3}甲烷，是其他非常规气源岩（诸如煤层气、黑色页岩）能量密度的10倍，为常规天然气能量密度的2～5倍，是一种优质、高效、洁净的能源。在我国海域和陆域的永久冻土中含有丰富的天然气水合物资源，其中南海海域的天然气水合物资源最大，据预测达到800亿吨油当量。随着中国在南海神狐海域进行天然气水合物试采取得成功，天然气水合物商业化的步伐越来越近，因此普及天然气水合物相关知识，为国家培养具有天然气水合物勘探和开采知识的人才具有重要意义。

要较好地开展南海海域天然气水合物资源开采，离不开对海域水合物分布的认识。本书分7章，第1章是天然气水合物概况，重点介绍天然气水合物概念、形成、结构等方面的基本知识；第2章是海域水合物地震岩石物理理论，重点介绍如何根据三种经典的岩石物理理论来预测海域水合物饱和度；第3章是南海地理位置及南海沉积盆地，主要介绍南海地理位置和南海沉积盆地的形成；第4章是天然气水合物正演模拟技术，主要介绍地震模型构建相关知识、地震正演模拟方法等；第5章是天然气水合物实验技术，主要介绍天然气水合物的实验检测技术和实验分析技术；第6章是天然气水合物预测技术，主要介绍目前天然气水合物的三大类预测技术；第7章是天然气水合物预测技术在南海海域的应用，主要介绍各种预测技术在我国南海天然气水合物分布预测中的应用。

本书由广东石油化工学院的鲍祥生担任主编，广东石油化工学院的刘全稳、陈国民、王身建、王林、周海燕、陈淑曲、孟森参编。编写成员分工具体如下：鲍祥生负责拟定本书的编写方案和统稿工作，刘全稳负责编写第1章的内容，陈国民负责编写第2章的内容，王身建负责编写第3章的内容，王林负责编写第4章的内容，周海燕负责编写第5章的内容，陈淑曲负责编写第6章的内容，孟森负责编写第7章的内容。

本书由广东省“扬帆计划”引进紧缺拔尖人才项目“非常规能源勘探开发技术研究和软件研发”和广东石油化工学院“精品教材系列”项目联合资助。

本书在编写过程中，力求对读者有所帮助，以适应读者的需要，对于书中欠妥之处，恳请广大读者给予指正。

鲍祥生

2021年1月

目 录

第 1 章　天然气水合物概况　/ 1

1.1　天然气水合物的定义　/ 1

1.2　冰容纳气体分子的过程　/ 1

1.3　天然气水合物的结构　/ 4

1.4　天然气水合物的物理性质　/ 5

1.5　天然气水合物的测井响应特征　/ 6

1.6　天然气水合物的研究历史　/ 9

1.7　地球上的天然气水合物分布　/ 19

1.8　天然气水合物的形成条件　/ 20

1.9　天然气水合物的地震探测技术现状及发展趋势　/ 22

1.10 天然气水合物的研究意义　/ 27

第 2 章　海域水合物地震岩石物理理论　/ 29

2.1　三种经典的水合物饱和度预测方法　/ 30

2.2　三种预测方法在南海神狐海域的应用效果　/ 33

第 3 章　南海沉积盆地　/ 39

3.1　盆地基底　/ 39

3.2　不同地质演化特征对比　/ 40

第 4 章　天然气水合物正演模拟技术　/ 45

4.1　地震模型技术的概念　/ 45

4.2　正演模拟的意义　/ 46

4.3　正演模拟的方法　/ 48

第 5 章　天然气水合物实验技术　/ 53

5.1　天然气水合物的实验检测技术　/ 53

5.2　天然气水合物的实验分析技术　/ 57

5.3　各种天然气水合物分析方法的优势　/ 59

第 6 章　天然气水合物预测技术　/ 60

6.1　定性预测技术　/ 60

6.2　半定量预测技术　/ 62

6.3　定量预测技术　/ 68

第 7 章　天然气水合物预测技术在南海海域的应用　/ 70

7.1　定性预测技术在南海海域的应用　/ 70

7.2　半定量预测技术在南海北部海域的应用　/ 74

7.3　基于波阻抗反演的定量预测技术在南海神狐海域的应用　/ 81

参考文献　/ 87

第 1 章

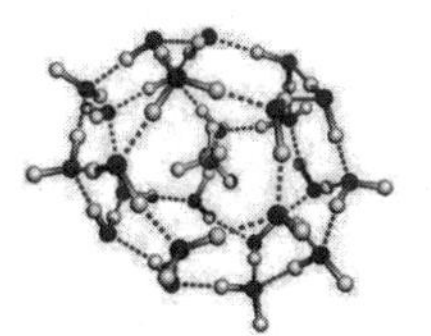

天然气水合物概况

1.1 天然气水合物的定义

天然气水合物（nature gas hydrate，简称 gas hydrate），是在自然条件下由天然气和水组成的具有笼形结构类冰状的结晶化合物。其遇火即可燃烧，故又称为可燃冰、固体瓦斯等。

天然气水合物没有固定的分子式，通常用 $M \cdot nH_2O$ 来表示，M 代表水合物中气体分子，n 代表水合物指数（也就是水分子数）。气体分子可以是甲烷（CH_4）、乙烷（C_2H_6）、丙烷（C_3H_8）、丁烷（C_4H_{10}）等同系物，以及二氧化碳（CO_2）、氮气（N_2）和硫化氢（H_2S）等。在自然界中形成天然气水合物的气体主要为甲烷，对甲烷含量超过 99% 的天然气水合物通常称为甲烷水合物（methane hydrate）。

1.2 冰容纳气体分子的过程

我们所熟知的水蒸气、水及固态的冰，其分子式都是相同的（H_2O），也就是说这三种状态的物质其实是一种物质，只不过在不同的条件下处于不同的状态而已。用 ρ_w、ρ_i 分别来表示水和冰的密度，在常压条件下，当水的温度低至零度及以下时，水就会逐渐形成冰。图 1.1 为当水温在 0～10 ℃时，其密度随温度的变化趋势，可以看出当水的温度接近 0 ℃，其密度 $\rho_w \approx 1.0 \times 10^3 kg/m^3$，而冰的密度 $\rho_i = 0.9 \times 10^3 kg/m^3$，由质量守恒定律 $m = \rho V$ 可知，水凝固成冰后，冰的体积大致是水的 1.1 倍，也就是当液态的水变成固态的冰，其体积是变大了。

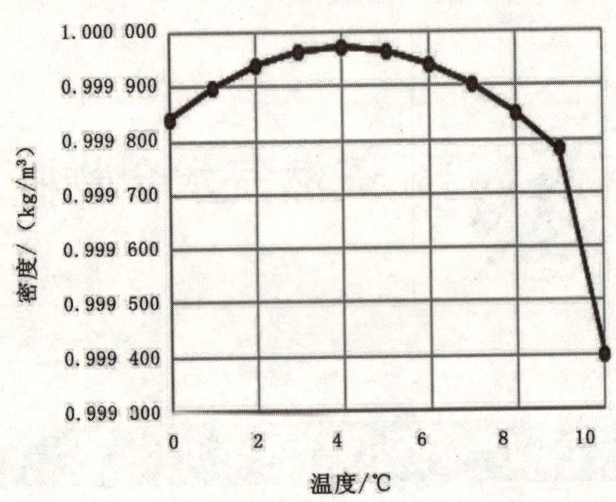

图 1.1　水的密度随温度的变化图（鲍祥生，2016）

为什么液态的水和固态的冰，其分子式一样，而体积是不同的呢？这是因为同一物质在不同状态下，其分子结构存在较大的差异。对于固态的冰，其水分子之间间距较小，能够形成氢键，从而在水分子之间出现缔合现象。对于固态的冰，其水分子完全缔合，每个水分子均与其他氢键缔合，形成正面体的空间网状结构［图 1.2（a）］。与固态冰相比，液态水分子间距较大，只有一部分水分子因氢键而缔合，其他水分子则充填于空隙之中［图 1.2（b）］。由于固态冰的分子间空隙更大，故密度低于液态水。

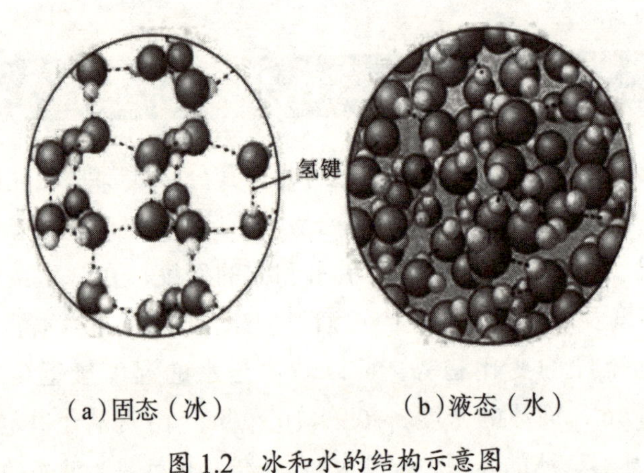

（a）固态（冰）　（b）液态（水）

图 1.2　冰和水的结构示意图

图 1.3 是水的相平衡图，描述了水在不同温度、压力情况下的状态转换，

其中 O 点是三相点，在这一状态下，水的三态（气相，液相，固相）是能够共存的，该点的压力为 4.58 mmHg，远小于 1 个标准大气压（约 0.1 MPa），温度约为 0.01 ℃。由图 1.3 可以看出，使水表现为固态所对应的温度基本在 0.01 ℃以下，在温度大于 0.01 ℃（近似为 0 ℃），不管压力多大，也不会形成冰。

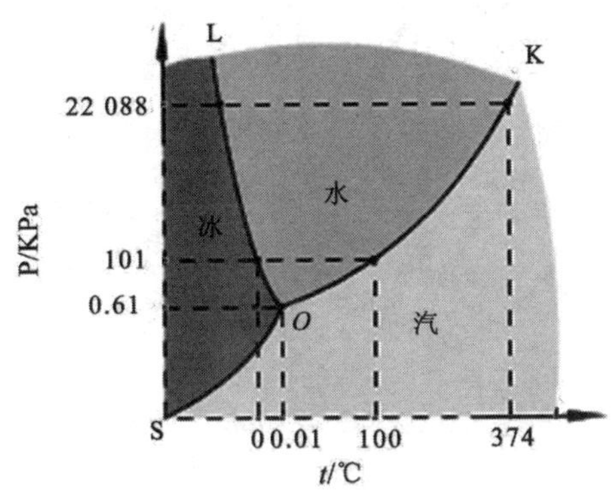

图 1.3 水的相平衡图

在我国南海海域，天然气水合物存在的地区，海底温度一般在 2 ℃以上（图 1.4），也就是在我国南海海域，当天然气水合物形成时，其地层水温度大于 2 ℃。由图 1.3 的相平衡图可知，此时地层水不论其地层压力是多少，水都处于液体状态，是可以流动的，当外部有天然气气源进入地层水中，气体分子（客体分子）会与水分子（主体分子）逐渐相互结合而形成一种新的笼状结构的分子。可见可燃冰容纳气体分子并不是因为气体分子小，气体在液态水变成冰后，其进入水分子形成的笼型结构中去，而实际上甲烷气体的直径约是 0.414 nm，比水分子直径（约 0.4 nm）还要大些，液态的水在形成冰后，水合物尚不可以进入冰分子结构中，更不用说甲烷气体分子了，因此天然气水合物中气体是在冰形成之前进入笼型结构中的，如图 1.5 所示。

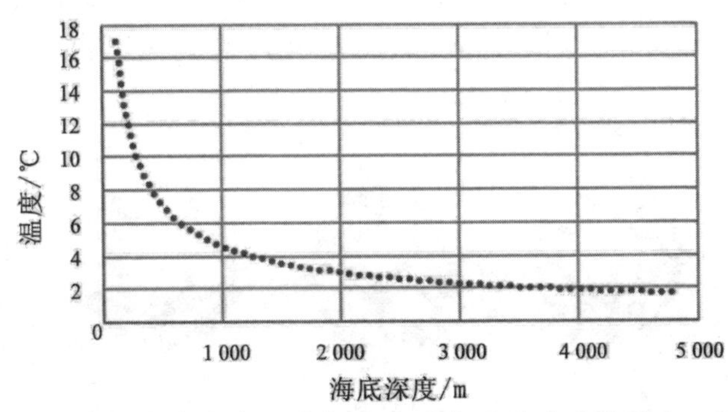

图 1.4 中国南海海底温度与海底深度的关系（鲍祥生，2016）

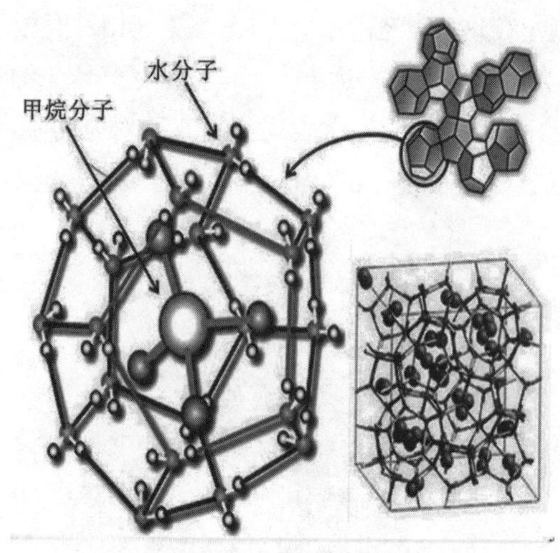

图 1.5　天然气水合物的分子模型（中国数字科技馆）

1.3　天然气水合物的结构

1.3.1　水合物形成笼形类型

在天然气水合物晶体中，由主体水分子形成的多面体结构称为笼。由于气体大分子大小、形成时的压力和温度不同等因素影响，目前发现的笼形类型主要有以下 5 种（图 1.6）：① 5^{12} 笼形空间结构［图 1.6（a）］，它是由 12 个五边形组成的空间结构；② $5^{12}6^{2}$ 笼形空间结构［图 1.6（b）］，它是由 12 个五边形和 2 个六边形组成的空间结构；③ $5^{12}6^{4}$ 笼形空间结构［图 1.6（c）］，它是由 12 个五边形和 4 个六边形组成的空间结构；④ $4^{3}5^{6}6^{3}$ 笼形空间结构［图 1.6（d）］，它是由 3 个四边形、6 个五边形和 3 个六边形组成的空间结构；⑤ $5^{12}6^{8}$ 笼形空间结构［图 1.6（e）］，它是由 12 个五边形和 8 个六边形组成的空间结构。

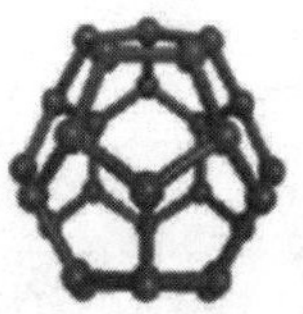

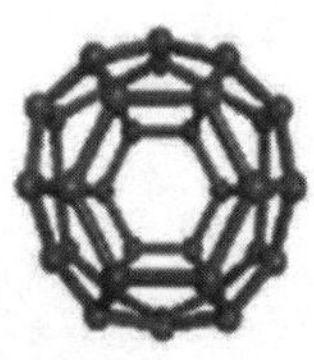

（a）5^{12}　（b）$5^{12}6^{2}$　（c）$5^{12}6^{4}$　（d）$4^{3}5^{6}6$　（e）$5^{12}6^{8}$

图 1.6　水合物的笼形结构

1.3.2　各种结构

目前自然界水合物结构主要可以分为 3 类：①Ⅰ型结构，它是由 2 个 5^{12} 小笼和 6 个 $5^{12}6^{2}$ 大笼形组合而成；②Ⅱ型结构，它是由 16 个 5^{12} 小笼和 8 个 $5^{12}6^{4}$ 大笼组合而成；③ H 型结构，它是由 3 个 5^{12} 小笼、2 个 $4^{3}5^{6}6^{3}$ 中笼和 1 个 $5^{12}6^{8}$ 大笼组合而成。关于Ⅰ型结构和Ⅱ型结构，它是由 Claussen 等人分别于 1952 年和 1951 年通过 X 射线衍射确定的，H 型结构是由 Ripmeester 等人于 1987 年经核磁共振及粉末衍射实验确定的。表 1.1 列出了三种结构的参数对比。

表 1.1　三种结构的参数对比

水合物	笼的大小	笼的结构	笼的数目	笼的半径 / mm	单位结构水分子数	可容纳分子尺寸 / mm	结构形状	密度 / (g/cm^3)
Ⅰ型	小	5^{12}	2	0.391	46	＜0.52	立方形	0.91
	大	$5^{12}6^{2}$	6	0.433				
Ⅱ型	小	5^{12}	16	0.391	136	0.52～0.69	菱形	0.94
	大	$5^{12}6^{4}$	8	0.473				
H 型	小	5^{12}	3	0.391	34	0.75～0.90	六面体	1.952
	中	$4^{3}5^{6}6^{3}$	2	0.406				
	大	$5^{12}6^{8}$	1	0.571				

1.4　天然气水合物的物理性质

不同结构、不同成分的天然气水合物存在一定的差别，这里展示纯甲烷水合物在物理性质方面与冰的对比情况。关于物理性质的测量，不同的学者采用不同的手段，往往存在一定的差异。表 1.2 列出了文献中有关纯甲烷气体水合物与冰在物理性质方面的对比表。表 1.3 列出了文献中有关甲烷气体水合物、砂质沉积物中的海底甲烷天然气水合物和冰三种物质在物理性质方面的对比。由表 1.2 和表 1.3 可以看出，甲烷水合物的物理性质数据及冰的物理性质数据存在一定差异，这应该与不同的学者使用的测量仪器、测量环境、测量技巧存在一定的差异有关，但应该属于统计误差范畴，这里只是来对比甲烷水合物与冰的物质性质的差异。尽管不同测量手段测量的数据存在较明显的差异，但用同一测量手段，甲烷水合物和冰可以作为对比，可以看出，两种不同手段测得的甲烷水合物与冰的主要物理性质比较相似，尤其是密度、纵横波速度、泊松比、热容量等。

表 1.2　纯甲烷气体水合物与冰的物理性质对比

物理性质	甲烷水合物	冰
密度 /（$\times 10^3$kg/m^3）	0.91	0.917
纵波速度 /（m/s）	3 650	3 845
横波速度 /（m/s）	1 890	1 957
泊松比	0.317	0.325
剪切模量 /GPa	3.2	3.5
等压体积模量 /GPa	7.7	8.9
等温体积模量 /GPa	7.2	8.6

表 1.3　三种不同物质的物理性质对比
（引自 Sloan 和 Makagon，1997 年）

物理性质	甲烷水合物	砂质沉积物中的海底甲烷天然气水合物	冰
莫氏硬度 /（°）	2~4	7	4
剪切强度 /MPa	—	12.2	7
剪切模量 /GPa	2.4	—	3.9
密度 /（g/cm^3）	0.91	>1	0.917
声学速率 /（m/s）	3 300	3 800	3 500
热容量 /（kcal/cm^3）	2.3	≈ 2	2.3
热传导率 /［W/（m · K）］	0.5	0.5	2.23
电阻率 /（kΩ · m）	5	100	500

1.5　天然气水合物的测井响应特征

关于天然气水合物的测井响应特征有很多，比如电阻率测井响应特征、井径测井响应特征、声波测井响应特征、中子测井响应特征、密度测井响应特征、自然电位测井响应特征、自然伽马测井响应特征、孔隙度测井响应特征等，这里不一一列举，下面介绍一下前面六个常用的测井响应特征。

1.5.1 电阻率测井响应特征

天然气水合物的电性特征与冰类似，是电的绝缘体，因此，地层水合物发育或者游离气体时，其电阻率是增大的。可以将含水合物与饱水地层比较，高的电阻率偏离就意味着这一区域存在水合物。图 1.7 给出一个典型的例子，两个高电阻率异常带与含天然气水合物存在的区间完全对应。

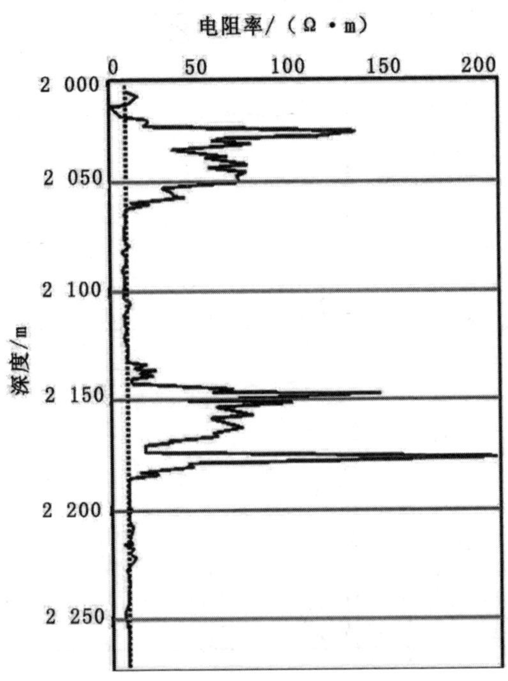

图 1.7 天然气水合物地层典型的电阻率响应特征
（图中虚线为无气体水合物沉积物电阻率背景值）

1.5.2 井径测井响应特征

井径测井用于测量井孔直径和粗糙程度，确定破碎区间，评价井孔质量和稳定性。含天然气水合物带在井径测井曲线上表现为一个扩大的井孔，这与水合物分解造成的井壁散裂有关。

1.5.3 声波测井响应特征

声波测井主要测量弹性波穿过地层的旅行时间，这一信息可以用获得弹性波在地层中的传播速度，进而为地震数据的校准提供信息并获得地层的孔隙度。与饱和地层和含气地层相比，含水合物带的声波测井响应表现为声波旅行时值的下降。图 1.8 是一个典型的含水合物带声波测井响应（Collet et al, 2000 年），纵横波的速度明显上升。声波测井也是含水合物地层最典型、最有说服力的地球物理响应。

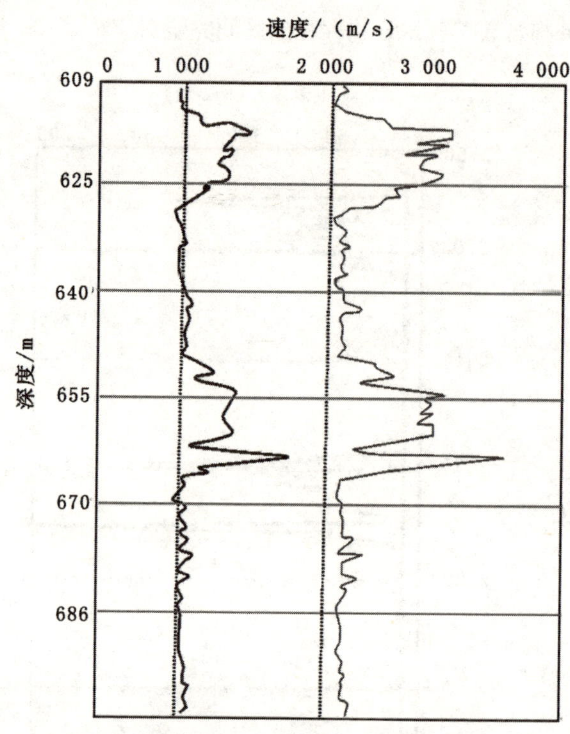

图 1.8　含天然气水合物地层典型的声速响应特征

1.5.4　中子测井响应特征

测井仪中的中子源发射的快速中子因与地层中的氢原子碰撞而减速直至被捕获，中子测井实际上就是利用中子与地层碰撞产生的人工辐射进行连续测量。中子测井主要用来计算地层的孔隙度，在某些条件下也可以探测游离气。游离气带的中子孔隙度明显下降，含水合物带的中子孔隙度只是略有上升。

1.5.5　密度测井响应特征

密度测井记录的是岩石密度。与饱水地层相比，含水合物带的地层密度仅有轻微下降，与中子测井响应特征一样，其变化特征不明显。

1.5.6　自然电位测井响应特征

自然电位测井记录的是钻孔与没有任何人工的外加电流表面之间的电势差，由于半渗透性界面的存在，阻碍黏土或其他矿物中的电离子在岩石孔隙空间中的扩散，也阻碍导电流体（如盐水）在岩石中的自然流动使电荷分离而形成自然电位。自然电位的变化可用来衡量岩石孔隙流体中离子浓度的变化。与无气体存在的区间相比，水合物带的自然电位值相对更低一些。

1.6　天然气水合物的研究历史

从有关国际资料来看，关于天然气水合物研究历史可以划分为四个阶段：①实验室认识阶段；②工业条件下水合物形成的认识和防治阶段；③天然气水合物被作为一种能源进行全面调查研究和勘探阶段；④以钻采目标为主的研究阶段。

1.6.1　实验室认识阶段

1810～1934 年为实验室认识阶段，该阶段的显著特征就是有关天然气水合物的认识是从实验室中得出的。在这 120 多年的认识过程中，各国化学家对天然气水合物的化学组分和物质结构产生了浓厚的兴趣，但研究仅停留在实验室，且争议颇多。

1810 年，英国皇家学会学者 Humphry Davy 在实验室首次人工合成了氯气水合物，并于次年著书立说提出“天然气水合物”（gas hydrate）概念。1823 年，Faraday 确证了水合物的存在，但他认为水合物分子式为 $Cl_2 \cdot 10H_2O$。1828 年，Lowing 发现了溴水合物。1829 年，Dela Rive 发现了氧化硫水合物，分子式 $SO_2 \cdot 7H_2O$。1848 年，Pierre 测定了氧化硫水合物的分子式为 $SO_2 \cdot 11H_2O$。1855 年，Schoenfield 测量出氧化硫水合物的分子式为 $SO_2 \cdot 14H_2O$。1876 年，Alexeyeff 对溴水合物有异议。1877 年，Cailletet 和 Borcelet 第一次从 CO_2+PH_3 及 H_2S+PH_3 中测量了混合气体水合物。1882 年，Wroblewski 测量了二氧化碳水合物。1885 年 Chancel 和 Parmentier 确定了氯甲烷水合物。1888 年，Villard 得出了 H_2S 水合物与温度的相关性；De Forcrand 和 Villard 测量了 CH_3Cl 和 H_2S 水合物与温度的相关曲线；Villard 测量了 CH_4、C_2H_6、C_2H_4、C_2H_2 和 N_2O 的水合物。1897 年，De Forcrand 和 Thomas 探寻双水合物，发现

混合水合物是由许多卤代烃和 C_2H_2、CO_2、C_2H_6 混合而成的物质。1923 年，De Forcrand 测量了氪和氙水合物。

1.6.2 工业条件下水合物形成的认识和防治阶段

1934～1960 年为工业条件下水合物形成的认识和防治阶段，这一阶段的显著特征就是针对工业条件下形成的水合物进行各种研究，并开展各种清除和抑制水合物形成的各种试验和应用研究工作。

1934 年，苏联在被堵塞的天然气管道里发现了自然形成的天然气水合物；美国学者 Hammerschmidt 发表了天然气水合物造成输气管道堵塞的相关数据，科学家们开始注意到天然气水合物在工业上的重要性，因此加深了对天然气水合物及其性质的研究。许多研究者，包括 Hammerschmidt（1939 年）、Deaton 和 Frost（1946 年）、Bond 和 Russell（1949 年）、Kobayashi（1951 年）及 Woolfolk（1952 年）做了防止水合物影响天然气输送的研究工作。

1.6.3 天然气水合物被作为一种能源进行全面调查研究和勘探阶段

1960～2001 年为天然气水合物被作为一种能源进行全面调查研究和勘探阶段。许多国家都开展重视水合物调查和勘探工作，下面列出在水合物方面开展工作比较多的国家及开展的主要工作。

20 世纪 60 年代，苏联科学家特罗菲姆克等发现天然气可以以固态形式存在于地壳中。特罗菲姆克等的研究工作为世界上第一座天然气水合物矿田——麦索雅哈气田的发现、勘探与开发前期的准备工作提供了重要的理论依据。同样是在 20 世纪 60 年代，美国在墨西哥及东南海岸布莱克海台进行油气地震勘探时，首次发现了似海底反射（BSR）。从 20 世纪 60 年代开始，荷兰、德国、美国相继开展了天然气水合物结构和热动力学研究。1965 年，苏联首次在西伯利亚永久冻土带发现了天然气水合物矿场。1970 年，美国在布莱克海台实施了深海钻探，证实 BSR 之上存在天然气水合物。1971 年，美国学者 Stoll 等在深海钻探岩心中首次发现了海洋天然气水合物。1972 年，美国在阿拉斯加北部利用加压桶获得世界上首次确认的冰胶结永冻层中的水合物实物。

进入 20 世纪 80 年代以后，有关天然气水合物的试验研究、普查勘探和开采试验以及发现水合物的报道几乎遍及世界各个海域。加强海底天然气水合物的理论研究和勘探开发，把天然气水合物研究和普查勘探工作推向一个全新的阶段。从 1983 年起，美国地质调查局和苏联地质部在美国能源部资助下，联合实施了阿拉斯加已知水合物气藏的资源潜能评价，该项目第一阶段完成于 1988 年，主要是对描述阿拉斯加北部水合物产状的一些已有数据进行评估，并分析了控制天然气分布的地质条件。第二阶段工作是前段工作的继续，通过现场研究，初步建立描述阿拉斯加地区天然气水合物的可能成因模式、埋藏深度、厚度和区域分布及资源量等参数，为今后该地区进行进一步勘探开发积累了大量的前期工作。目前，有关该地区水合物成藏的产状、开采技术和经济评价等研究仍在继续。

世界各地科学家对天然气水合物的类型及物化性质、自然赋存和成藏条件、资源评价、勘探开发手段，以及气水合物与全球变化和海洋地质灾害的关系等进行了广泛而卓有成效的研究。天然气水合物研究已经发展成为包括天然气水合物地质学（天然气水合物普通地质学、天然气水合物区域地质学、天然气水合物海洋地质学）、天然气水合物地球化学、天然气水合物区域工程地质学和天然气水合物地球调查，以及天然气水合物与全球气候变化在内的一门新兴学科。

20 世纪 90 年代以来，特别是自 1991 年美国能源部组织召开“美国国家甲烷水合物学术讨论会”以来，人们对甲烷水合物及其沉积物了解越来越多，掀起了甲烷水合物研究的热潮。美国、日本、印度等国家从能源战略储备、国家经济安全以及生态环境角度出发，制定了勘查和开发天然气水合物的国家计划。美国通过国际大洋钻探项目（ODP）已研制出天然气水合物的保压取心钻具，完成了一系列的岩心钻探施工，取得了水合物岩心。它在天然气水合物调查、研究和开发除开发前实验以外的几乎所有领域保持领先地位。

1994 年，日本通产省地质调查局同 10 家石油公司共同组织参加了“天然气水合物研究及开发推进初步计划”。① 1996 年完成对天然气水合物的地球物理勘探；② 1997 年完成示范井（阿拉斯加）；③ 1999 年打勘探井（南海海槽和鄂霍次克海）；④ 2000 年开始开采天然气水合物。至今已在日本周边完成了高分辨率的地震调查；在南海海槽的局部地区完成了三维地震与大地热流（利用 2 m 长热流探针）测量等，先后钻井 6 口。终于获得了天然气水合物样品，圈定了 12 块远景矿区，总面积达 4 400 km^2；其中在南海海槽静冈县御前崎近海计算了天然气水合物储量达 7.4×10^{12} m^3，相当于日本 140 年消耗的天然气消耗总量。

国际大洋钻探项目以及由德国基尔大学海洋地球科学中心的E.Suess教授负责的德国、美国、加拿大和俄罗斯四国的一个国际合作项目，他们对东太平洋Cascadia聚合边缘的水合物海岭（Hydrate Ridge，44°40′N，125°06′W）用较小考察船（如德国太阳号）进行了利用多项高科技手段的综合考察。他们在1996年和1999年用巨大抓斗在800 m水深下的海底浅表层沉积物中（约50 cm深）取到了大量的层块状天然气水合物，以及一些小结核和小块状天然气水合物。1999年用多管重力取样器还取到几个有天然气水合物的重力岩心柱（长50～150 cm）。深钻和浅层取样的成功，使人们有可能对自然界的海洋天然气水合物从不同角度开展研究，对其组成和成分、产出状况、在沉积物中的分布等一系列相关问题进行研究和探讨，取得了一系列的突破性新进展和成果，发表了一系列与天然气水合物有关的涉及有机化学、无机化学、测井、地质背景、地震学、沉积学、古生物和古海洋学、微生物学以及取样技术探讨等相关内容的几十篇文章。

1998年，德国又与俄罗斯合作，开展鄂霍次克海水合物调查。1998年至今，德国基尔大学Geomar研究所对美国俄勒冈州西部大陆边缘卡斯凯迪亚（Cascadia）消减带的水合物海台尤感兴趣，通过德-美Tecflux合作项目，争取到资金2 000万马克，不仅在该海域做了大量地震调查工作和海底取样工作，而且研究了水合物形成和失稳的动力学机制，测定了海底甲烷释放速率的趋势变化。在卡斯凯迪亚水合物海台，不但发现有水合物矿藏，还发现了水合泄气窗，泄气窗中有大量甲烷释放。气体中R_n/CH_2值很高，大约每升50 dpm；在局部地区有铵和硫化物分布，在其他局部地区，甲烷发生氧化作用。为了进一步评价该海域的水合物资源量，ODP第199航次在2001年10月9日至11月6日对卡斯凯迪亚水合物海台实施钻探。德国利用“太阳号”调查船与其他国家合作，先后对东太平洋俄勒冈海域的卡斯凯迪亚增生楔，以及西南太平洋和白令海域进行了水合物的调查。在南沙海槽、苏拉威西海、白令海等地都发现了与水合物有关的地震标志，并获取了水合物样品。

大洋钻探计划对水合物的研究给予了高度重视，设立了专项调查航次，如ODP164次在北美东南大陆边缘布莱克海台钻了三口井，利用PCS（pressured core sampler）技术采获了水合物样品，ODP141航次及ODP146也分别在智利大陆边缘和Cascadia大陆边缘发现了天然气水合物。在找矿方法上采用了地球物理、旁侧声呐、浅层剖面、地球化学以及海底摄像等综合手段。欧洲研制的水合物取心设备HYACE（hydrate autoclave coring equipment）

已在 ODP193 航次（2001 年）投入了使用。此外，科学家还开展了水合物沉积学、成矿动力学、地热学以及天然气水合物相平衡的理论和实验模拟研究，并对沉积物中气体的运移方式和天然气水合物的聚集机理进行了探索性研究。

2000 年，日本研究人员在南海海槽又钻探了两口专门用于科学研究的 250 m 浅层勘探试验井，提交了调查结果。

加拿大具有较长的天然气水合物研究历史，加拿大工业在 20 世纪 70 年代就开始了先驱工作。80 年代加拿大人在天然气水合物的地温特征、分子科学和地球物理特征上取得了里程碑式的成就。1992 年由加拿大地质调查局（GSC）、帝国石油公司和壳牌加拿大公司在北极地区钻了一口科学探索井，并采集到第一块永久冻土中的天然气水合物。1939 年大洋钻探 Leg146 航次在 Vancouver 岛海域发现天然气水合物。1998 年，与日本、美国开展天然气水合物研究项目合作，在马更些（Mallik）三角洲钻探 Mallik-38 井，采集到了大量天然气水合物，带来了开发利用天然气水合物的曙光。为了实现从天然气水合物藏中生产天然气的目标，2002 年，加拿大与日本、美国、德国、印度等国家合作，实施“马更些（Mallik）天然气水合物物探测井”项目，开展水合物地质、地震、测井、地热、地化、微生物及工程地质、钻完井和试开采以及配套工程实施等技术研究，钻探 Mallik 5L-38 井，成功地进行了天然气水合物藏注热试开采。2004 年，设立一项新的天然气水合物调查开发项目，开展天然气水合物开发的潜在利益研究。2008 年，再次进行了降压与注热联合开发的试验，该项目的成功实施证明通过注热和降压法可以实现天然气水合物矿藏的开发，是天然气水合物开发利用史上的里程碑，为将来的长期试生产和最终商业开发利用奠定了基础。加拿大天然气水合物项目集中体现了由政府和产业部门共同参与、决策的特点，专门成立了由政府及多部门专家组成的委员会，负责项目的管理、组织、实施和资金筹措，以及内外的协调等。

1995 年，印度地质调查局对其海域进行了有关水合物的地质、地球化学和地震资料的初查与复查。在此基础上，印度科学和工业委员会设立“全国气体水合物研究计划”，计划在 1996～2000 年由国家投资 5 600 万美元对其周边海域的天然气水合物进行前期调查研究。1997 年 3 月，印度政府宣布新的勘探许可政策，包括开放沿 Madras 和 Calcutta 之间印度东海岸的几个深水（大于 400 m）租区。最近所获得的地震资料显示，在整个建议租区中具有广泛存在天然气水合物矿藏的证据。此外在印度和缅甸之间的安达曼海有很大的天然气水合物远景区，估计含有6万亿立方米天然气。据Makogon（2000年）估算，印度陆缘水合物的甲烷资源量约（40～120）×10^4亿立方米。印度政府表示，天然气水合物对满足其日益增长的能源需求具有极其重要的意义。

韩国资源研究所和海洋开发研究所于1997年开始在其东南部近海郁龙盆地进行天然气水合物调查，由此确定了天然气水合物矿床存在的可能性。之后韩国商业、工业和能源部制定了天然气水合物长期规划蓝图。从2000年开始，韩国稳定地执行该规划第一阶段五年计划的年度任务，相继发现了略受变形的BSR、振幅空白带、浅气层、麻坑、海底滑坡、菱锰结核等一系列与水合物相关的标志。

日本在2000年完成了为期5年的天然气水合物专项计划之后，于2001年4月又启动了新的天然气水合物项目。

1.6.4 以钻采目标为主的研究阶段

以钻采目标为主的研究阶段为2002年至今。

1.6.4.1 实际勘测研究

2002年初，"Mallik 2002天然气水合物探测井计划"由加拿大地调局（GSC）、德国（GFZ）、日本石油公司（JNOC）、美国地调局（USCS）、美国能源部（USDOE）和印度油气部（MOPNG）等联合组织实施，来自30多个研究机构的100多名科学家参加了"Mallik计划"，其中主要的科学家有：加拿大地调局（GSC）的Dallimore Scott R，日本石油公团（JNOC）的Yonezawa Tetsuo，美国地调局（USGS）的Collett TS，日本石油勘探公司（JAPEX）的Uchida T，德国（GFZ）的Weber Michael和印度油气部（MOPNG）的Chandra Avanish。该计划研究内容包括水合物地质、地震、测井、地热、地化、微生物及工程地质、钻井和开采技术等。2002年1月，日本与加拿大合作在加拿大北部麦肯齐三角洲Mallik 2L-38井试验开发水合物获得成功，带来了开发利用天然气水合物的新曙光。

2002年5月18～27日，由美国Mineral Management Service组织、Jesse Hunt Jr和Harry Roberts教授领导，共有15位科学家参加了墨西哥湾海底冷泉和天然气水合物考察。海底深潜考察船Johnson-Sea-LinkⅡ对墨西哥湾三个正在活动的海底冷泉地区和天然气水合物分布区进行了调查考察。

2002年7月7日～9月6日，ODP204航次在美国俄勒冈岸外水合物脊又钻获水合物，首席科学家为德国 Zu Kiel 大学的 Gerhand Bohrnann 博士和美国俄勒冈州立大学海洋和大气科学院的 Anne M Trehu 博士。本航次还包括双船地震项目，以便获得垂直地震剖面和其他地震数据。

根据日本 METI 的规划，陆地海边的 Mackenzie 三角洲测试生产井项目已扩展成为国际合作调查研究项目。METI 同时在 Kumano 海 Tokai 区域进行了海上二维地震调查，调查区东西长 200 km，南北宽 50 km，调查区水深在 500～2 000 m，测线总长度约 2 800 km。

根据二维地震调查的结果，选择了三个局部地区在 2002 财政年度追加地球物理调查，分别是 Tokai 近海区（调查区面积 225 km^2）、Atsumi Sea Knoll（调查区面积 241 km^2）和 Kumano 盆地（调查区面积 210 km^2）。在上述三个区都进行了高分辨率三维地震调查，获得了一批更详细的似海底反射（BSR）分布资料。这些调查资料将用于 2004 年钻井取心井的井位选择，将钻 30～40 口井，包括：随钻测井，主要用于确定甲烷水合物的分布；取心井，用于与电缆测井资料对比，确定甲烷水合物的形成发育；电缆测井，用于校准随钻测井资料，并与岩心进行对比。

该项目动用了安装有动力定位系统的钻井船，于 2004 年 1 月开始，持续 110 天左右。同时对海上生产测试所需的天然气水合物钻井技术、完井技术进行测试，高精度的温度测量系统将用于井孔温度的监控。

日本在 2004 年完成南海海槽天然气水合物多井钻探后，2004～2005 年进行陆上天然气水合物二次开发试验，2006 年开始海上天然气水合物开发试验。其海上天然气水合物开发计划将分三个阶段进行：

第一阶段（2002～2006 年）主要是确定南海海槽天然气水合物富集区，准确评价资源量，同时研究深水区软层中的钻井和完井技术、提高天然气水合物开发井产量和采收率技术及天然气水合物开发对环境的要求和影响；第二阶段（2007～2011 年）进行海上开发试验工作，进行技术和经济评估；第三阶段（2012～2016 年）完成商业开发的评估和确认。

2006 年 10 月，METI 宣布日本油气和金属公司（JOGM）和加拿大自然资源部计划在加拿大北部的北极圈上进行另外的水合物调查研究。该集团在 2007 年 2 月钻了一口勘探井，JOGM 宣称在 3 月中旬的两周内对钻遇的水合物沉积层进行减压（从水合物层生产天然气的一种方法）试验，另一次试验在 2008 年执行。

美国 2003 年的 12 个甲烷水合物调查研究航次涉及海洋环境中天然气水

合物的物理学、化学和生物学等各个方面。绝大部分航次调查集中在墨西哥湾地区，特别是美属墨西哥湾。主要的执行机构也是美国的政府机构、大学和工业公司。

值得注意的是美国地质调查局牵头，在2003年5月和8月进行的航次调查，其目的是确定2004年水合物钻井的井位，这些航次在墨西哥湾Keathley峡谷和Atwater谷区进行了高分辨率二维地震调查。新采集的高分辨率二维地震资料和工业公司提供的三维地震资料的联合解释结果用来确定2004年钻井位置的选择。在墨西哥湾Keathley峡谷和Atwater谷区这两个地方的钻井将提供水合物对钻井作业可能造成的灾害信息和实践经验，主要是扰动和环境条件的变化对钻孔可能造成的不稳定或触发海底局部位移的影响。

2004年春季在墨西哥湾Keathley峡谷和Atwater谷区8个点钻16口井，每个点钻两口井，为一组，水深1 300 m左右。两口井相距13～23 m左右，一口井取心，另一口井用来测井（随钻测井）；并在井中安装长期的监控设备。

另一个令人关注的是“热冰1井”。2003年3月31日Andarko石油公司、Maurer技术公司和美国能源部开始在阿拉斯加州钻第一口天然气水合物调查研究井——“热冰1井”，它位于普拉德霍湾西南约64 km、Kuparuk河油田中心南约32 km处（引用自：何拥军等，世界天然气水合物调查研究进展）。计划30天完钻，随后用3天的时间进行测井和地震调查，两个星期的时间进行完井和实验测试，计划完井深度为792 m。该井的目的是评价地下天然气水合物的形成，论证如何保护冻土地带环境、解决在永久冻结带钻井作业造成环境问题，开发新颖的钻井技术。目标是开发和测试最好的天然气水合物钻井和采收工具和方法，确定天然气水合物储层中可采收的天然气量和可能的生产率。由于气候变暖，钻井延迟到2004年2月7日达到计划深度，钻井到该区理论上天然气水合物存在下限下约100 m。钻井岩心采收率高达93%，但令人遗憾的是并未如预期的发现天然气水合物。

2005年，美国国家天然气水合物研发计划的墨西哥湾天然气水合物联合工业项目（JIP）在墨西哥湾实施了第一航次，该航次以研究细粒沉积物中与天然气水合物有关的可能的钻探地质灾害为目标。

2007年2月，BP公司—美国能源部（DOE）—地调局在阿拉斯加Milne Point区块钻探天然气水合物探井。该井是一口用于在钻前通过地震解释所预测的天然气水合物矿藏、储层质量，并收集其他资料的垂直探井。钻探是多阶段工作计划中第三阶段的基本工作内容。第一阶段的工作主要是圈定 Milne Point 区域内十多个不相连的天然气水合物藏的分布范围并确定其特征；第二阶段的工作主要是为详细分析以及评价这些远景区做准备，同时为第三阶段的现场施工制订详细计划。钻探地层探井的主要目的检验地球物理探测技术，同时为靶区的选择以及其后可能进行的第四阶段试采所需的现场参数提供资料。测井资料包括伽马测井、中子测井、密度测井、三维高分辨率电阻率测井、声波测井（纵波与横波）及核磁共振测井。

2009 年 5 月，美国国家天然气水合物研发计划墨西哥湾天然气水合物联合工业项目（JIP）历时 21 天完成了第二航次——天然气水合物钻探航次，在钻探的 3 个站位中，至少有两个站位发现了具有高饱和度的水合物砂层，完全证实了墨西哥湾储存性能良好的砂层中能够赋存天然气水合物。

1.6.4.2　相关会议和研究成果

第一届国际天然气水合物会议于 1993 年在美国新帕尔茨举行。

第二届国际天然气水合物会议于 1996 年在法国图卢兹召开。

第三届国际天然气水合物会议于 1999 年 7 月 18～22 日在美国盐湖城举行。

第四届国际天然气水合物会议于 2002 年 5 月 18～23 日在日本召开。

第五届国际天然气水合物会议于 2005 年在挪威特隆赫姆举行，Statoil 研究中心的 Torstein Austvik 博士被推选为国际天然气水合物会议（ICGH-5）的主席。

第六届国际天然气水合物会议于 2008 年 7 月 6～10 日在加拿大温哥华市召开。来自加拿大、美国、德国、英国、意大利、挪威、中国、日本、印度、韩国以及中国台湾等 27 个国家和地区的 527 名代表参加了这次会议。本次大会云集了世界水合物领域的知名专家学者，提交论文 336 篇，82 人在大会上做了专题演讲，会议议题涉及六大主题：

（1）基础科学（相平衡、结构构造、物理和热动力学特性、分子动力学、微生物学等）。

（2）能源与资源（资源勘探与评价、储层模拟、开发技术等）。

（3）地质灾害（冻土带与海洋地质灾害、含水合物层力学性质等）。

（4）环境（水合物与气候变化、液态二氧化碳封存等）。

（5）石油天然气工程（管道运输、安全性等）。

（6）新技术（储氢、二氧化碳捕获和封存、天然气储运、海水淡化和气体分离等）。

本届会议共刊出论文336篇，创历届之最，内容涉及了水合物领域的各个层面。这些论文展示了当今水合物最新勘探研究成果及技术进展，必将进一步促进水合物学科的蓬勃发展，加快人类勘探开发水合物的步伐。

随着国内外油气需求的日益增大，天然气水合物作为理想的可替代能源给21世纪人类社会的可持续发展带来巨大希望，从会议主题报告及提交的论文中不难发现，近年来，世界天然气水合物勘探开发技术取得了巨大进展，许多新技术得以有效利用并且不断向前跃进，给人类开发利用水合物资源带来了曙光，主要体现在以下几点：

（1）世界水合物勘探方兴未艾。本届大会的亮点之一是印度、韩国、中国和日本四个亚洲国家展示了水合物勘探研究的最新成果。印度在水合物勘探领域进行了广泛的国际合作，巧借发达国家的力量，大幅提升了本土水合物勘探研究的科技实力；韩国主要立足于本国技术，通过有限度的国际合作，取得了重要突破；日本不仅在水合物勘探开发领域处于世界前列，而且制订了详细的中长期水合物勘探开发计划，稳步实施和推进水合物计划，经过多年的技术创新，拥有了大量通过自主研发的技术储备。

（2）勘探研究新技术初露头角。透过本届大会可以发现，在水合物勘探研究中，一些新技术、新方法得到了试验或应用，并取得了良好的效果。如海底地震仪（OBS）、海底电缆（OBC）、天然气水合物的海底电磁探测技术（EM）等已经取得了明显的成效；高分辨率三维地震勘探技术在挪威西部冷泉识别、流体运移及三维可视化方面的应用效果令人惊叹；水合物成藏数值模拟、开发模拟技术已得到初步应用等。这些技术无疑对我国未来天然气水合物勘探技术的发展有良好的指向意义。

（3）水合物开发利用曙光初现。在本届大会上，日本专家介绍了与加拿大等国在Mallik永久冻土带进行水合物试开采的情况，诸多技术细节属首次披露。种种迹象表明：日本在天然气水合物开发系统规划、开发设备研制、开发过程控制及测试方面已经取得突破性进展，并掌握了大部分核心技术。据悉日本将于2009～2011年在南海海槽进行水合物开采试验，2012～2015年在日本海进行水合物开采。

第33届世界地质大会于2008年8月6～14日在挪威奥斯陆召开，本届大会专门设立了天然气水合物分会场，共收编论文摘要34篇，就天然气水合物勘探开发相关的科学问题进行了研究和探讨。研究领域涉及挪威大边缘、韩国陆缘、日本海、日本南海海槽、西伯利亚冻土区、麦肯齐三角洲、墨西哥湾、智利陆缘、中国台湾西南海域、青藏高原冻土带、南极附近海域、尼罗河深海扇、加利福尼亚陆缘、鄂霍次克海萨哈林陆缘、贝加尔湖等水合物发育区。

透过这些论文及相关研究成果，可以窥见当今世界天然气水合物勘探研究的最新成果及技术进展情况。

第七届国际天然气水合物会议于2011年7月17～21日在英国爱丁堡召开，会议主题包括：①天然气水合物基本理论；②能源及新技术；③天然气水合物及气候变化；④储存和流动保障工程等。本次会议有来自美国、中国、日本、韩国和英国等 30 多个国家的近 600 多名代表参加，收到了近千篇论文摘要和 600 篇左右的论文，均刷新了历史纪录。

1.7　地球上的天然气水合物分布

天然气水合物在全球分布广泛，但由于其需要稳定的环境和一定的压力，所以其目前主要分布海域和陆上的冻土区。据估计，世界大洋水域中约有 90% 的面积可能存在天然气水合物的分布，在地球上大约有 27% 的陆地是可以形成天然气水合物的潜在地区。世界上 98% 的天然气水合物分布于海底沉积物中，仅有 2% 的天然气水合物分布在陆地冻土层中。

世界上已发现的海底天然气水合物主要分布区是大西洋海域的墨西哥湾、加勒比海、南美东部陆缘、非洲西部陆缘和美国东海岸外的布莱克海台等，西太平洋海域的白令海、鄂霍次克海、千岛海沟、冲绳海槽、日本海、四国海槽、中国南海海槽、苏拉威西海和新西兰北部海域等，东太平洋海域的中美洲海槽、加利福尼亚滨外和秘鲁海槽等，印度洋的阿曼海湾，南极的罗斯海和威德尔海，北极的巴伦支海和波弗特海，以及大陆内的黑海与里海等。

据天然气水合物有关专家的研究表明，仅在海底区域，可燃冰的分布面积就达 4 000 万平方公里，占地球海洋总面积的 1/4。2011 年，世界上已发现的可燃冰分布区多达 116 处，其矿层之厚、规模之大，是常规天然气田无法相比的。科学家估计，海底可燃冰的储量至少够人类使用 1 000 年。

中国国内可燃冰主要分布在南海海域、东海海域、青藏高原冻土带以及东北冻土带，据粗略估算，我国南海、东海、青藏高原和东北冻土带的天然气水合物资源量分别为 74.4 万亿立方米、3.4 万亿立方米、35.0 万亿立方米和 3.0 万亿立方米。

1.8 天然气水合物的形成条件

天然气水合物形成的主要因素包括：①温度和压力；②气源；③水源；④储集岩；⑤天然气的运移。

1.8.1 温度和压力

天然气水合物的形成需要一定的温度和压力。对于海洋中天然气水合物的形成，通常要求水深在300～4 000 m，温度在2.5～25 ℃。受自然界温度压力条件限制，天然气水合物只能赋存于高纬度常年冻土带、深海近海底的浅层沉积物中。

天然气水合物的分布深度和厚度与地温梯度密切相关，地温梯度大，天然气水合物埋深相对较浅、厚度较薄；反之，地温梯度小，则天然气水合物埋深和厚度都将增大。根据温度—深度模型，对辛普森角、普鲁德霍湾及梅索雅哈气田的天然气水合物在海底的埋藏深度进行了预测，辛普森角的地温梯度较大（4.2 ℃/100 m），形成的甲烷水合物带较薄，厚度大约在100 m，埋深300～500 m；普鲁德霍湾的平均地温梯度约1.8 ℃/100 m，甲烷水合物的埋深为213～1 067 m；梅索雅哈气田的平均地温梯度为2.0 ℃/100 m，天然气水合物埋深为350～875 m。

1.8.2 气源

气源岩可生成大量微生物成因和热分解成因的烃气，是决定天然气水合物形成和分布的重要控制因素。尽管碳同位素资料显示很多大洋水合物中的甲烷是微生物成因，但实际水合物的分子和同位素地球化学实分析却表明，来源于墨西哥湾、北阿拉斯加、Mackenzie三角洲、里海和黑海水合物中的天然气是热成因。

微生物成因的天然气是由微生物对有机质的分解作用形成的，有2种来源，即二氧化碳还原反应和发酵作用，其中二氧化碳还原反应生成的天然气是微生物成因气的主要来源。由于多数水合物稳定带，沉积物厚度较小且TOC含量较低，水合物稳定带内部通过微生物作用形成的甲烷，可能不足以形成厚层的水合物。Paull等研究表明，热成因气以及由深部向上运移的生物成因气，对于形成厚层水合物是必需的。一旦天然气水合物稳定带形成，来源于稳定带底部和深部的微生物气就可以聚集。在北阿拉斯加和加拿大的研究却表明，热成因源岩对于形成高丰度的天然气水合物聚集非常重要。

1.8.3　水源

天然气水合物的形成显然需要大量的水。I型天然气水合物的理想气水比为 8/46，而II型天然气水合物的理想气水比为 24/136。一般认为，海洋和陆地沉积物中的水非常丰富，但在一些特殊情况下，由于缺乏可利用的水，也能阻止天然气水合物形成。深水环境中出气口等位置的气泡，可以通过厚层的天然气水合物稳定带，而不被捕获。气泡相天然气之所以能够穿越水合物稳定带，可能是因为起运移通道作用的裂缝墙“镀”上了天然气水合物膜，气泡相天然气沿着水合物填充裂缝中的内部导管运移，并没有与自由水接触。在这个系统中，对水的排斥最终阻碍了天然气水合物的形成。北阿拉斯加的天然气水合物稳定带中就有含自由气的砂岩存在，即一个孤立的砂体在厚层泥岩地层中，被自由气充注而仅含有百分之几的束缚水。

1.8.4　储集岩

天然气水合物可存在于粗砂岩的孔隙中、细砂岩的团块中、固体充填裂缝中，以及由少数含有固体天然气水合物的沉积物组成的块状单元中。Boell 和 Collett（2006 年）提出了由 4 种不同的天然气水合物带组成的资源金字塔模型。在这种资源金字塔中，最有希望开发和利用的资源位于塔顶，最难以开发动用的部分位于塔底。

1.8.5　天然气的运移

高丰度的天然气水合物分布须包含大量的天然气。多数情况下，天然气水合物稳定带内部生成的微生物成因气，并不能提供足够用于形成水合物聚集的天然气。此外，大多数的天然气水合物聚集存在的沉积物，并没有足够的埋深或达到足够的温度，以形成热成因机制的天然气。因此，天然气的运移就成为形成水合物稳定带中天然气水合物聚集的重要因素。

甲烷，包括其他的水合物气，有 3 种运移形式：①扩散作用；②运移水介质的溶解作用；③独立气相的浮力作用。扩散作用驱动的运移非常缓慢，大多不能运移足够的天然气，形成集中天然气水合物聚集。以水溶气或独立气相进行的垂向运移，却是非常有效的。孔隙水流动和气泡相天然气在沉积物中都沿渗透性的通道运移，如断层系统、多孔易渗的沉积层等。因此，如果没有有效的运移路径，就不能形成大量的天然气水合物聚集。

1.9 天然气水合物的地震探测技术现状及发展趋势

20 世纪 70 年代在海洋地震反射剖面上发现了 BSR 现象，众多学者认为 BSR 现象与海洋沉积物中天然气水合物的存在有关（Holbrook，1996 年），也使得地震探测技术成为海洋天然气水合物的主要探测手段，并广泛应用到海洋天然气水合物的调查与研究中（Kvenvolden，1993 年，Katzman 等，1994 年）。地震探测技术本身也在海洋天然气水合物调查中经历了一个由简单到复杂、由调查手段单一到多方法联合的过程，目前正朝着融多种地震探测手段于一体、多项技术联合、单向技术深化的方向发展。

1.9.1 国内地震勘探研究进展

我国对海洋天然气水合物调查及研究工作起步较晚。20 世纪 80 年代到 90 年代，天然气水合物引起了国内的相关单位和学者的注意。相关单位和学者相继开展了对天然气水合物资源调查的跟踪与研究工作。1999 年，广州海洋地质调查局采用高分辨率探测技术，在我国南海北部西沙海槽率先开展了天然气水合物资源的调查研究工作，发现了天然气水合物存在的地震标志 BSR，依此初步推测该地区可能存在天然气水合物。之后，海洋天然气水合物调查工作得到了国家的支持和重视，2002 年我国海域天然气水合物资源调查与评价国家专项项目正式实施。多个海洋地质调查单位、科研机构和高等院校参与到海洋天然气水合物的调查与研究工作中来，从野外调查技术方法、资料处理、解释水合物矿体的储量预测等多个方面均取得了较好的成果，形成了较为系统的技术方法体系。目前，分别在我国南海北部东沙、神狐、西沙海槽、琼东南等海域进行了大量的高分辨率二维地震调查工作，初步圈定了 BSR 分布区带，并对天然气水合物资源做出了初步评价。值得提出的是，2005～2006 年，为了获取天然气水合物实物样品，在国家“863”计划大力支持下，快速启动了“南海北部海域天然气水合物首钻目标优选关键技术”课题，研究开发了准三维地震探测技术，广州海洋地质调查局在南海北部东沙和神狐海域，进行了准三维地震调查，为井位优选提供了丰富的地球物理信息，这一技术的应用也为 2007 年神狐海域的钻探取样，成功获取天然气水合物样品提供了有力的技术支撑。

长期以来，国家“863”计划给予天然气水合物地震探测技术大力支持，我国科学家高度重视天然气水合物的探测，进行了全面的、系统的探索性研究。“九五”期间，启动“海底气体水合物资源勘探的关键技术”（820-探-5）前沿性课题，深入分析了各种探测技术在天然气水合物资源勘查中的作用和重要性，为全面进入天然气水合物探测技术的实质性研发奠定了良好基础；“九五”计划末期（2000 年底），国家“863”计划 820 主题设立并优先启动了“海洋天然气水合物的地震识别技术”课题，并于“十五”期间正式设立了“天然气水合物探测技术”课题，重点支持了天然气水合物地震探测技术的研究开发。结合我国海域天然气水合物的赋存条件和特点，形成了以水合物的“BSR、BZ、速度异常、极性反转”四大基本特征为找矿依据的一套天然气水合物高分辨率二维地震探测技术，并应用于天然气水合物的实际调查工作中，均取得了显著成效。这些课题研究所取得的成果，推动了海洋天然气水合物地震勘探技术的发展，是我国南海北部陆坡东沙、神狐、西沙海槽以及琼东南海域发现了天然气水合物存在的有利证据，为初步圈定调查区天然气水合物的有利聚集区带提供了技术支撑。

随着调查研究的进一步深入，在识别天然气水合物四大地震异常特征的基础上，为了进一步精细描述天然气水合物矿体的空间产状（外形和内部结构），准确定量评价水合物矿体的储量，达到直接准确地刻画天然气水合物矿体的三维空间分布状况及矿体内部结构的目的。2006 年底，国家“863”计划正式批准了“天然气水合物矿体的三维地震与海底高频地震联合探测技术”课题。该课题以单源单缆方式采集的高分辨率三维地震和 HF—OBS 资料为基础，利用三维叠前偏移成像、波阻抗反演特殊处理技术，开发利用高精度速度分析与地震异常信息综合检测技术，以及多参量空间数据体的精细解释技术，形成一套实用的天然气水合物钻探目标区资源评价系统，既准确圈定了天然气水合物矿体的外形，又达到精细地刻画天然气水合物矿体的内部结构的目的，为我国海域天然气水合物资源量的评价提供可靠的储层参数。

1.9.2　国外地震勘探研究进展

国外水合物地震勘探由常规的单道（SCS）、二维多道（MCS）、三维多道地震勘探，发展为高分辨率地震（HRS）、深拖多道地震组合探测（deep tow acoustics/geophysics system，DTAGS）、海底高频地震仪（HF—OBS）等，其中高分辨率地震是目前天然气水合物的一种重要的勘探方法。在天然气水合物勘探早期，通过二维地震发现天然气水合物的四大地震异常。应用这些地震勘探技术许多国家在主动和被动大陆边缘的陆坡、岛屿、边缘盆地等海域进行了海洋天然气水合物调查，取得了丰硕成果，如美国、日本、德国、印度、加拿大等国家。近年来，这些国家将高分辨率三维与海底高频地震联合探测技术广泛应用于水合物勘探中，从而准确圈定天然气水合物矿体，估算其储量，优选钻探目标。

1.9.2.1　高分辨率三维地震探测技术及应用

近 30 年来，大多都是从常规二维地震资料上获得各海域天然气水合物地震信息——BSR。它是利用强脉冲声源（如气枪组阵）和多道接收器探测来自海底及其以下地质界面的反射信息。相对其他方法、技术，多道技术具有调查速度快、范围广、横向易追踪、成本低等优势。但是，由于声传播是以球面方式向各个方向传播，应用二维地震采集可能对偏离测线处的地质体反射变形的精确解释带来困难。为解决这一难题，日本于 1999～2000 年在西南海槽、东南海槽进行了单缆、线距 100 m 的高分辨率二维地震调查，又称“学院式”三维地震调查。该方法采用单源单缆采集，加密采集线距以保证覆盖次数，经过特定的处理流程实现二维采集的三维处理，最终获得三维数据体的地震技术。该系统包含拖曳至近海底的多个水听器排列及多个震源组成的调谐震源，利用所获得的多方面资料，采用伪三维宽角叠加技术进行高精度速度分析和高分辨率的天然气水合物矿层分析，有效解决了速度结构问题，获取的速度结构显示了高速层的横向分布，与 BSR 分布对应，暗示了可能的含天然气水合物带。编制波阻抗图、确定岩层物性，钻探证实日本海的 Nankai 海槽东部存在天然气水合物，选定的钻探 MITI 井位即为准三维地震调查资料所提供。

1.9.2.2　海底高频地震（HF—OBS）探测技术及应用

最初，通常利用声波地球物理方法获取天然气水合物的物性、分布等有关参数，随着勘探及研究的深入，需要高精度的速度和高分辨率地震波形资料来获取精确数据，如纵破（P 波）、横波（S 波）速度（v_p、v_s）、地层及速度结构、波阻抗等的变化，用于估算天然气水合物的富集程度和资源量。海底高频地震调查获取的多种资料可满足波形反演、走时反演、非线性全波形走时联合反演等各种研究需要，故采用海底高频地震（HF—OBS）探测技术，进行天然气水合物探测。

天然气水合物纵波速度比海洋正常沉积物要高，导致含天然气水合物的沉积物体积模量增加，同时，沉积物孔隙内的天然气水合物胶结物也改变了沉积物的剪切模量，沉积物内声波阻抗亦呈“谱白化”现象，采用 HF—OBS 可精确测量 P 波、S 波及 v_p、v_s 等，准确估算天然气水合物厚度。此项技术通常在不同偏移距内记录得到 1 条 HF—OBS 剖面和多条单道、多道地震剖面，以便联合用于地层及速度结构等研究。P 波速度变化与天然气水合物富集及下伏气体有关，为了在现场准确测量海底浅部沉积物（<400 m）的 P 波速度的垂向、侧向变化，常采用海底高频地震仪或海底地震检波器（OBH）。德国基尔海洋地质科学研究中心采用这种调查技术在挪威陆缘研究滑塌与天然气水合物相关性，在同一位置分别使用了 3 种不同频率的震源激发，频率覆盖较宽，提高了地震结构分辨率宽度，从而获得不同深度的声波穿透记录（100 m、250 m、500 m），能分辨 1 至几米厚的沉积层以及 P 波速度。实践证明高频（<300 Hz）或震源子波频率为 80～200 Hz，可获得详细速度资料；低频（<60 Hz）分辨率低，波长太长，以致很难探测 BSR 之下的游离气底界或天然气水合物顶界。

由于 HF—OBS 观测具有震源与检波器间的距离大、曳航方式获得低角度反射波、较直观地观测 BSR 反射波波形等优点，Katzman（1994 年）和 JKorenaga 等人（1997 年）利用该方法得到的单道及近道宽道角海底地震反射剖面资料，对布莱克海岭及挪威西部陆缘地区天然气水合物 BSR 及其上下速度结构进行分析，显示出若干高、低速度带，在偏移距 6 km 范围内可连续追踪 BSR，甚至可识别出双 BSR 标志。

1.9.2.3　高分辨率三维与海底高频地震联合探测技术及应用

由于 HF—OBS 可获取 P 波（对游离气较灵敏）、PS 转换波、S 波（对游离气灵敏度差），提高了 BSR 附近的横向分辨率，有利于定量研究天然气水合物和游离气的空间分布规律。近年来，将准三维地震勘探与海底高频地震勘探技术结合，形成了海洋天然气水合物多波勘探技术。

日本在南海海槽（Nankai Trough）开展天然气水合物准三维地震调查，同时在调查区内利用 7 个 OBS 数据（4 个在预探井位处）与多道地震数据联合分析，得到了高分辨率的速度异常结构（纵向）和 BSR 横向变化特征，解决了准三维造成的假高速异常问题。通过调查，圈定日本海海槽天然气水合物范围，详细了解 BSR 周围的地质构造及 HSZ 的岩性物性，为准确估算天然气水合物的资源潜力奠定了良好基础。

欧盟天然气水合物计划项目在挪威外海斯瓦尔巴特（STOREGGA）群

岛西北岸的天然气水合物研究区，针对天然气水合物矿体目标开展三维地震调查，OBS布设采用“一字型＋矩阵”排列方式，实施了三维（或二维）与OBS地震联合观测，记录P波、PS转换波，获得了三维四分量高分辨率数据。经一维波形反演、二维射线追踪和三维走时成像，进行P波、S波速度分析和P波成像，得到高质量的3D速度体，清晰地显示出BSR空间分布范围，揭示天然气水合物的速度结构，分析得到了沉积物中天然气水合物与游离气的含量，为天然气水合物储量预测提供丰富的多波勘探信息。

加拿大温哥华岛近海的北卡斯凯迪亚海域是天然气水合物调查较集中的地区，多波勘探技术也得到了较好的应用，主要采用2D与OBS调查相结合的方法，1993～1997年在该海域采集了大量的广角反射资料，在天然气水合物内部速度结构分析、水合物检测与识别以及矿体的圈定等方面取得了突破性进展。在地震数据的基础上，通过钻井证实，在加拿大多个海域取得了天然气水合物实物样品。在俄勒冈沿岸天然气水合物脊地区，开展了OBS、多道地震和VSP的联合地震调查试验，对10个站点OBS的P波和S波数据进行交互速度分析，得到1D层速度后，进行插值分析获得2D层速度，利用各种地震信息特别是横波信息，准确描述钻孔附近的天然气水合物及游离气的分布状况。

1997年10月，印度科学家利用GI枪组合震源技术，采用二维长排列与海底检波（OBH）技术相结合的方法，在印度洋北部海域深海平原和加积契处发现天然气水合物（地震剖面表现为BSR和振幅空白带），最近通过钻井证实，取得了天然气水合物岩心样品；2001年，英国BP公司在墨西哥湾进行了OBS与地震联合采集，采用80台OBS，以8×10 OBS方阵，排列间距400 m，获得了良好的纵横波及其转换波的有效信息；2004年，在新Hebrides海槽与澳大利亚东部之间的Fairway盆地，采集3.3 km长电缆记录和海底地震检波器记录的高分辨率地震数据，进行地震数据成像和OBS数据的旅行时反演，得到天然气水合物BSR相关特征。

目前，地震勘探技术方法是世界天然气水合物勘探中必不可少的重要手段之一，尤其是高分辨率三维与海底高频地震联合检测方法越来越受到天然气水合物勘探界的重视。它的发展完善将为海洋天然气水合物调查提供更加丰富的地球物理信息。

1.10　天然气水合物研究意义

研究天然气水合物不仅是社会经济发展的需要，同时也涉及人类自身安全需要解决的科学问题。在最近的几十年内，天然气水合物逐步被各国政府和科学家所重视。当前针对天然气水合物的研究主要集中在两个方面：能源环境意义和气候地质灾害。虽然世界各国对天然气水合物的研究侧重点有所不同，但总体上还是相对平衡的。

海洋环境下的天然气水合物通常存在于水深大于 300 m 的海底以下 0～1 100 m 深度范围，其厚度从 10 cm 至上百米，分布面积从数万到数十万平方公里。在标准状态下，每立方米的天然气水合物可释放 160～180 m^3 的天然气；1999 年许多学者计算出全球天然气水合物蕴藏的天然气资源总量约为 2.1×10^{16} m^3，相当于全球已探明传统化石燃料碳总量的两倍；而最新的估计高达 12×10^{17} m^3，天然气水合物资源具有广阔的开发前景。尽管不同学者预测的资源量存在很大差异，但其碳含量数目巨大则是不争的事实。因此，学者普遍认为它将是潜在的可替代能源，并将在 21 世纪能源利用中发挥重要作用，这也是天然气水合物研究的重要推动力。当前世界各国尤其是发达国家及能源短缺国家高度重视天然气水合物的研究，如美国、日本、德国、印度、加拿大等都制订了各自的天然气水合物研究开发计划，正在加紧调查、开发和利用研究。美国政府顾问马克思预言："天然气水合物将可能改变现在的地缘政治模式，美国、日本、印度等国家可能实现能源自给，这一事件强烈影响着国际事务及对外政策……一旦天然气水合物被开发利用，现存的世界能源市场将彻底改变"。

甲烷气体是一种洁净的、典型的温室气体。已有研究表明，在地质历史时期曾多次出现海底天然气水合物的突然分解，释放的甲烷导致了全球性气候、环境的突变和灾害（Padden 等, 2000 年；Hesselbo, 2000 年；Kennedy 等, 2001 年）。天然气引发的地质灾害可能造成全球性威胁和区域性威胁。就全球性威胁而言，由于水合物储层对环境变化非常敏感，而全球变暖将直接影响其稳定。政府间气候变化专门委员会（IPCC）预测，2100 年地球表面的平均温度将上升至少 1.1～6.4 ℃，致使全球平均海平面上升至少 28～79 cm。很明显，全球变暖这一趋势将造成大量的水合物分解，释放至大气中的甲烷量不可预知，而甲烷的温室效应强度是二氧化碳的 21 倍，因此水合物已经成为全球变暖过程中的关注焦点（Heimann，2010 年）。在区域性威胁方面，不同区域水合物的存在状态与海洋变暖的表现不同，因此，某些特定区域的水合物的稳定性可能更易于破坏。例如，Westbrook 等人发现了斯瓦尔巴群岛西部海底渗漏形成的甲烷气泡羽状流，这一现象可能是区域洋流变暖造成水合物的分解而形成的。这些局部的气泡羽状流对航运和海洋油气开发具有极大的安全隐患，因为局部的水温上升使水合物分解，还可能造成沉积垮塌和气体释放，这对于钻井平台的结构安全是致命的。有证据表明，水合物的分解造成大量的地质滑塌。其中最著名的是发生在 8100 年之前的挪威 Storegga 滑塌，滑塌总体积达到 3 000 km^3，滑塌引发海啸冲击，使挪威、法罗群岛、苏格兰和英格兰北部抬升达到 20 m。

第 2 章

海域水合物地震岩石物理理论

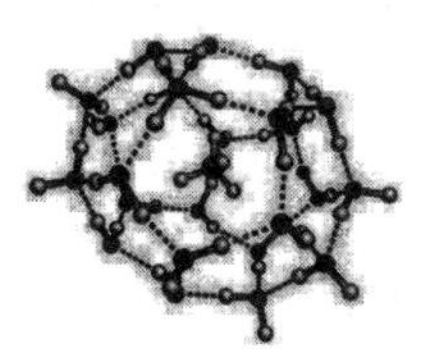

岩石物理学是一门自然科学，专门研究岩石的各种物理性质及其产生机制，隶属于地球物理学。地震岩石物理学是基于地震勘探的思想来研究岩石物理性质的一门学科，地震岩石物理分析技术是基于地震岩石物理学的有关认识来开展地震解释，它搭建了地震数据与油气特征和储层参数之间的桥梁，是地震属性解释和储层预测重要的物理基础，也是连接地震和油藏工程的重要纽带，使地震技术的应用领域被大大拓宽。

随着油气勘探向非常规油气藏发展，岩石物理理论已成为油气地球物理勘探的关键技术之一，它的发展成功推动了非常规油气勘探地震技术的快速发展，受到了世界各大油气公司及研究机构的普遍重视。对于水合物勘探而言，建立含水合物沉积物岩石物性与水合物饱和度的关系，以认识各种地球物理特征，进而进一步估算水合物的储层，是当前水合物物理理论关心的重点。目前针对水合物饱和度研究，主要包括三种比较典型的水合物饱和度岩石物理理论方法。

由于气源、温压、地质等因素的影响，海域水合物的饱和度往往大多数情况下都低于 100%，因此选择适用不同水合物饱和度的岩石物理来进行研究有实际意义。目前可用来预测不同水合物饱和度的岩石物理理论主要有三种：① Timur 时间平均方程，1968 年，Timur 为了解释永久冻土带温度下不同胶结程度岩石中的纵波速度，提出三组分的时间平均模型，该模型被称为 Timur 时间平均方程，该方程于 1983 年被 Person 等首次用于不同水合物饱和度的研究；② Wood 修正方程，它是 Lee 等人在对 Timur 时间平均方程研究的基础上提出的一种可用于不同水合物饱和度研究的一种方法；③海域含水合物沉积物的 Gassmann 方程，它是 Helgerud 等于 1999 年提出的一种可用于不同水合物饱和度研究的一种方法。

2.1 三种经典的水合物饱和度预测方法

2.1.1 Timur 时间平均方程

Timur 时间平均方程认为含水合物的沉积物纵波速度的大小应与孔隙度、水合物饱和度、孔隙中水的纵波速度、水合物的纵波速度、岩石骨架的纵波速度有关，其关系可用公式（1）表示。

$$\frac{1}{V_{\mathrm{b}}}=\frac{\varphi(1-S_{\mathrm{h}})}{V_{\mathrm{pw}}}+\frac{\varphi S_{\mathrm{h}}}{V_{\mathrm{ph}}}+\frac{1-\varphi}{V_{\mathrm{pm}}} \tag{1}$$

式中，V_{b}为含水合物的沉积物纵波速度；φ 为孔隙度；S_{h}为天然气水合物饱和度；V_{pw}为孔隙中水的纵波速度；V_{ph}为纯天然气水合物的纵波速度；V_{pm}为岩石骨架的纵波速度。

2.1.2 Wood 修正方程

Wood 修正方程认为含水合物的沉积物纵波速度的大小除了应与孔隙度、水合物饱和度、海水的纵波速度、水合物的纵波速度、岩石骨架的纵波速度有关外，还应与含水合物的沉积物密度、孔隙中水的密度、水合物的密度、岩石骨架的密度有关，其关系可用公式（2）表示。

$$\frac{1}{\rho_{\mathrm{b}}V_{\mathrm{b}}^{2}}=\frac{\varphi(1-S_{\mathrm{h}})}{\rho_{\mathrm{w}}V_{\mathrm{pw}}^{2}}+\frac{\varphi S_{\mathrm{h}}}{\rho_{\mathrm{h}}V_{\mathrm{ph}}^{2}}+\frac{1-\varphi}{\rho_{\mathrm{m}}V_{\mathrm{pm}}^{2}} \tag{2}$$

式中，ρ_{b}为地层密度；ρ_{w}为孔隙中水的密度；ρ_{h}为天然气水合物的密度；ρ_{m}为岩石骨架的密度。

2.1.3 海域含水合物沉积物的 Gassmann 方程

高孔隙度的海洋沉积物可被看成“颗粒系统（kranular sysytem）”，其纵波速度与饱和流体的沉积物体积模量、剪切模量以及密度之间存在如下关系：

$$V_b = \sqrt{\frac{K_{sat}+\frac{4}{3}G_{sat}}{\rho_b}} \tag{3}$$

式中，K_{sat}为饱和流体的沉积物体积模量；G_{sat}为沉积物剪切模量。

由 Gassmann 方程可知，饱和流体的沉积物体积模量与剪切模量与干燥岩石的体积模量、干燥岩石的剪切模量、孔隙度、流体的体积模量、骨架的体积模量之间存在如下关系。

$$K_{sat} = K\frac{\varphi K_d - (1+\varphi)K_f K_d/\mathrm{K} + K_f}{(1-\varphi)K_f + \varphi K - K_f K_{d/\mathrm{K}}} \tag{4}$$

$$G_{sat} = G_d \tag{5}$$

式中，K为骨架的体积模量；K_f为流体的体积模量；K_d为干燥岩石的体积模量；G_d为干燥岩石的剪切模量。

对于骨架的体积模量和剪切模量可依据 Hill（1952 年）平均公式来求取。

$$K = \frac{1}{2}\left[\sum_{i=1}^{m} f_i K_i + \left(\sum_{i=1}^{m}\frac{f_i}{K_i}\right)^{-1}\right] \tag{6}$$

$$G = \frac{1}{2}\left[\sum_{i=1}^{m} f_i G_i + \left(\sum_{i=1}^{m}\frac{f_i}{G_i}\right)^{-1}\right] \tag{7}$$

式中，f_i为第i种矿物组分在固体部分中的体积百分比；K_i为第i种矿物组分的体积模量；G为干燥岩石的剪切模量；G_i为第i种矿物组分的剪切模量。

对于流体的体积模量，可借鉴 Reuss（1929 年）平均公式来求取。

$$K_f = \frac{S_w}{K_w} + \frac{1-S_w}{K_h} \tag{8}$$

式中，K_w为水的体积模量，K_h为水合物的体积模量，S_w为孔隙中含水饱和度。

对于具有高孔隙度的海域沉积物而言，干燥岩石的体积模量和剪切模量的计算可分两种情况，一种是孔隙度小于临界孔隙度；另一种是孔隙度大于或等于临界孔隙度。

在孔隙度小于临界孔隙度时，干燥岩石的体积模量和剪切模量可用公式（9）和公式（10）进行计算。

$$K_d = \left[\frac{\varphi/\varphi_c}{K_{HM}+\frac{4}{3}G_{HM}} + \frac{1-\varphi/\varphi_c}{K+\frac{4}{3}G_{HM}}\right]^{-1} - \frac{4}{3}G_{HM} \tag{9}$$

$$G_d = \left[\frac{\varphi/\varphi_c}{G_{HM}+Z} + \frac{1-\varphi/\varphi_c}{G+Z}\right]^{-1} - Z \tag{10}$$

式中，φ_c为临近孔隙度。

在孔隙度大于等于临界孔隙度时，干燥岩石的体积模量和剪切模量可用公式（11）和公式（12）进行计算。

$$K_d = \left[\frac{(1-\varphi)/(1-\varphi_c)}{K_{HM}+\frac{4}{3}G_{HM}} + \frac{(\varphi-\varphi_c)/(1-\varphi_c)}{\frac{4}{3}G_{HM}}\right]^{-1} - \frac{4}{3}G_{HM} \tag{11}$$

$$G_d = \left[\frac{(1-\varphi)/(1-\varphi_c)}{G_{HM}+Z} + \frac{(\varphi-\varphi_c)/(1-\varphi_c)}{GZ}\right]^{-1} - Z \tag{12}$$

对于公式（8）～公式（11）中K_{HM}、G_{HM}、Z的求取，可用公式（13）～公式（15）计算获得。

$$K_{HM} = \left[\frac{G^2n^2(1-\varphi_c)^2}{18\pi^2(1-v)^2}\right]^{\frac{1}{3}} \tag{13}$$

$$G_{HM} = \frac{5-4v}{5(2-v)}\left[\frac{3G^2n^2(1-\varphi_c)^2}{2\pi^2(1-v)^2}P\right]^{\frac{1}{3}} \tag{14}$$

$$Z = \frac{G_{HM}}{6}\left[\frac{9K_{HM}+8G_{HM}}{K_{HM}+2G_{HM}}\right] \tag{15}$$

式中，n为每个颗粒接触的颗粒数，一般取8.5进行计算；P为有效压力，可用公式（16）进行计算。

$$P = (\rho_b - \rho_f)gD \tag{16}$$

式中，ρ_b为沉积的密度；ρ_f为水的密度；g为重力加速度；D为沉积物位于海底下的深度。

2.2　三种预测方法在南海神狐海域的应用效果

2.2.1　研究区地质概况

研究区位于中国南海北部陆缘神狐海区构造区属于珠江口盆地的珠二坳陷。2007 年 4～6 月，中国地质调查局陆续在该区有 BSR 标志的地方进行水合物钻探，在一些钻探位置获得了水合物样品，比如在 SH-2、SH-3、SH-7 位置处钻获了水合物样品；也有在钻探位置没有获得水合物样品的，比如在 SH-1 和 SH-4 就没有获得水合物样品。三个获得水合物样品的钻井大致位于 1 200 m 水深的大陆坡崎岖海底的脊部，钻获的天然气水合物样品大致分布于海底以下 200 m 左右的沉积物孔隙中。对于水合物样品附近沉积物的组成按照粒度大小分为三种：①砂是指粒度直径 >0.063 mm 的颗粒；②粉砂是指粒度直径介于 0.04～0.063 mm 的颗粒；③黏土是指粒度 <0.04 mm 的颗粒。沉积物中最主要的颗粒类型是粉砂，其次是黏土，再其次是砂，其中粉砂的平均含量在 75% 左右，黏土的平均含量在 20% 左右，砂的平均含量在 5% 左右。

2.2.2　海底沉积物孔隙度计算

2011 年，郭依群等对神狐海域钻井样品开展了孔隙度的实验室分析，研究认为，海底沉积物的孔隙度与深度之间存在如公式（17）所示的近似关系。

$$\emptyset = -7.44 \times \ln D + 85.38 \tag{17}$$

式中，$\emptyset$ 为孔隙度，%；

D为沉积物位于海底下的深度，单位m。

2.2.3　某 S 井声波测井曲线

图 2.1、图 2.2 是三口钻获水合物井的其中一口井（假设这口井为 S 井）的纵波速度和密度曲线。从 S 井的声波测井曲线上可以看出，当深度介于 200～220 m 时，纵波速度明显增加，最高达到 2 300 m/s，而密度出现了明显的减小，该位置已被确认含水合物。

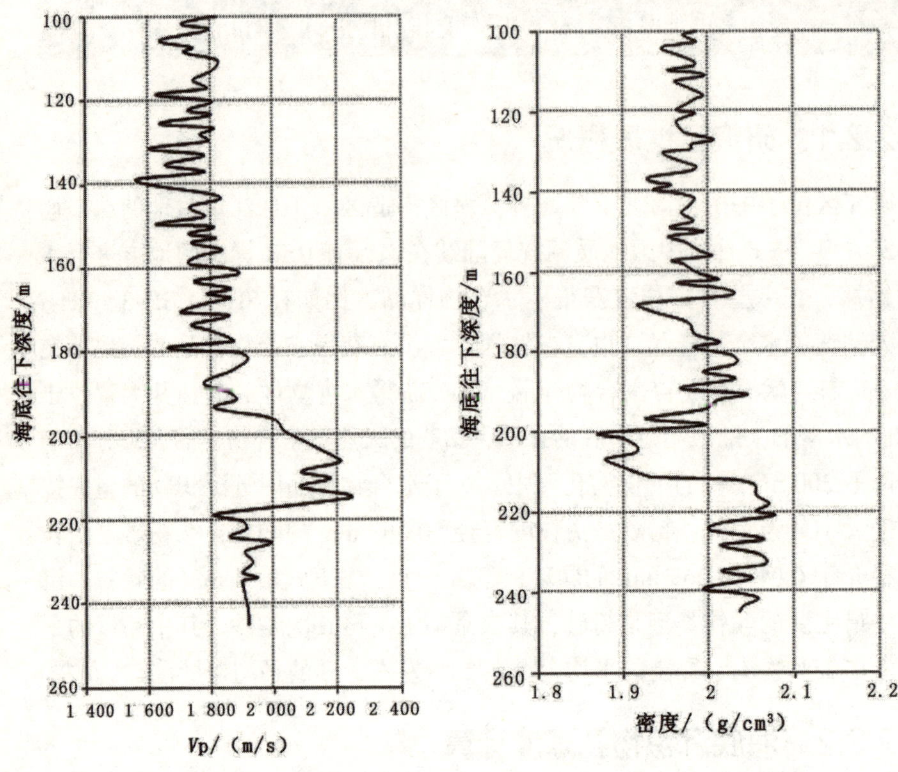

图 2.1　S 井纵波速度曲线　　　　图 2.2　S 井密度曲线

2.2.4　氯离子估算的水合物饱和度

海域水合物在形成和分解时会发生氯离子浓度的变化，在水合物形成过程中会排斥溶解于孔隙水中的盐离子，使盐离子向外扩散；而当水合物分解时，孔隙水会被稀释，使得钻孔获得的水合物样品比不含水合物的样品具有更低的盐度。不同饱和度的水合物往往具有不同的氯离子浓度，因此可以依据孔隙中氯离子浓度异常来计算水合物饱和度。图 2.3 是依据水合物中氯离子的浓度异常获得的一些有关 S 井的水合物饱和度，对比图 2.1 和图 2.3 可以看出，在纵波速度比较大的深度位置，水合物饱和度相对较大，可达到 30% 以上，最大可达 50%。

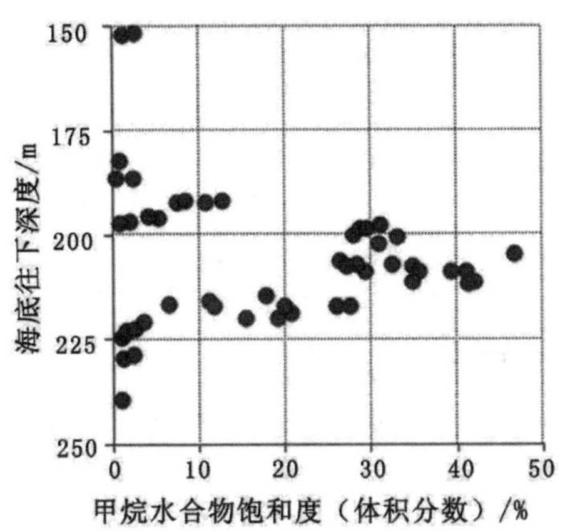

图 2.3　依据氯离子浓度估算 S 井的水合物饱和度值

2.2.5　骨架弹性参数计算

参照前文含水合物的沉积物粒度组成分析，设用于计算沉积物骨架的各粒度组成比例是：粉砂岩占比例是 75%、黏土占比例是 20%、砂岩占比例是 5%。表 2.1 列出了粉砂岩、黏土、砂岩、海水、纯甲烷水合物的体积模量、剪切模量和密度数据。

表 2.1　不同沉积物组成成分的弹性参数

物质	体积模量 /GPa	剪切模量 /GPa	密度 / (g/cm^3)
粉砂岩	40.08	28.13	2.65
砂岩	40	25.06	2.65
黏土	20.9	6.85	2.58
海水	2.5	0	1.032
纯甲烷水合物	5.6	2.4	0.9

沉积物的骨架由三种粒度成分组成，依据公式（6）、公式（7）可将骨架的体积模量和剪切模量表示成公式（18）、公式（19）的形式。

$$K=\frac{1}{2}\left[\sum_{i=1}^{3}f_iK_i+\left(\sum_{i=1}^{3}\frac{f_i}{K_i}\right)^{-1}\right] \tag{18}$$

$$G=\frac{1}{2}\left[\sum_{i=1}^{3}f_iG_i+\left(\sum_{i=1}^{3}\frac{f_i}{G_i}\right)^{-1}\right] \tag{19}$$

式中，f_1、f_2、f_3分别为粉砂岩、砂岩、黏土组成骨架中所占的体积百分比；K_1、K_2、K_3分别为粉砂岩、砂岩、黏土的体积模量；G_1、G_2、G_3分别为粉砂岩、砂岩、黏土的剪切模量。

依据公式（18）、公式（19）和表 2.1 的数据可计算出骨架的体积模量、剪切模量分别近似为 35 GPa、20.5 GPa。

对于骨架的密度可由公式（20）计算得到。

$$\rho_m=f_1\rho_1+f_2\rho_2+f_3\rho_3 \tag{20}$$

式中，f_1、f_2、f_3 分别为粉砂岩、砂岩、黏土组成骨架中所占的体积百分比；ρ_1、ρ_2、ρ_3 分别为粉砂岩、砂岩、黏土的密度。

依据公式（18）和表 2.1 的数据，可计算出骨架的密度为 2.64 g/cm^3。

2.2.6　三种方法预测结果

图 2.4～图 2.6 分别是利用 Timur 法、Wood 法、Gassmann 法预测的 S 井水合物饱和度与氯离子估算的水合物饱和度的对比。从图 2.4 可以看出，沉积物深度小于 200 m 时，由 Timur 法预测的水合物饱和度与由氯离子法估算的饱和度基本一致；沉积物深度介于 200～220 m 时，由 Timur 法预测的水合物饱和度处于高值区，大部分预测值与由氯离子法估算的饱和度基本吻合；当深度大于 220 m 时，由 Timur 法预测的水合物比由氯离子法估算的饱和度要大一些。从图 2.5 可以看出，沉积物深度小于 200 m 时，由 Wood 法预测的水合物饱和度与由氯离子法估算的饱和度基本一致；沉积物深度介于 200～220 m 时，由 Wood 法预测的水合物饱和度处于高值区，大部分预测值比由氯离子法估算的饱和度要小一些，但相差不大；当深度大于 220 m 时，由 Wood 法预测的水合物比由氯离子法估算的饱和度要大一些。从图 2.6 可以看出，沉积物深度小于 200 m 时，由 Gassmann 法预测的水合物饱和度与由氯离子法估算的饱和度基本一致；沉积物深度介于 200～220 m 时，由 Gassmann 法预测的水合物饱和度处于高值区，大部分预测值与由氯离子法估

算的饱和度大致一致；当深度大于 220 m 时，由 Gassmann 法预测的水合物与由氯离子法估算的饱和度基本一致。

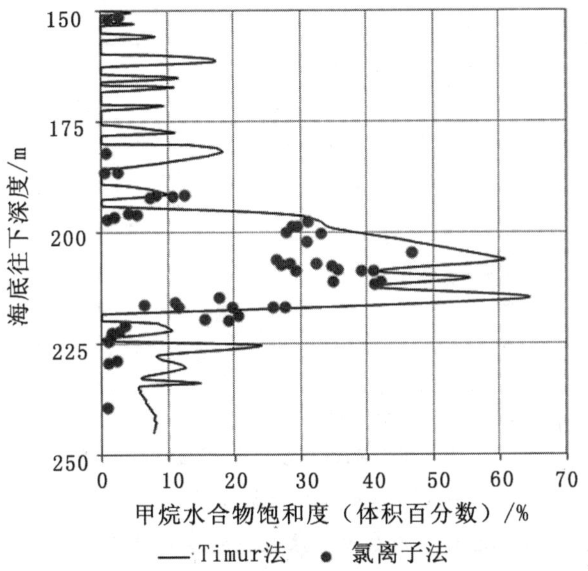

图 2.4 Timur 法与氯离子法的水合物饱和度对比图

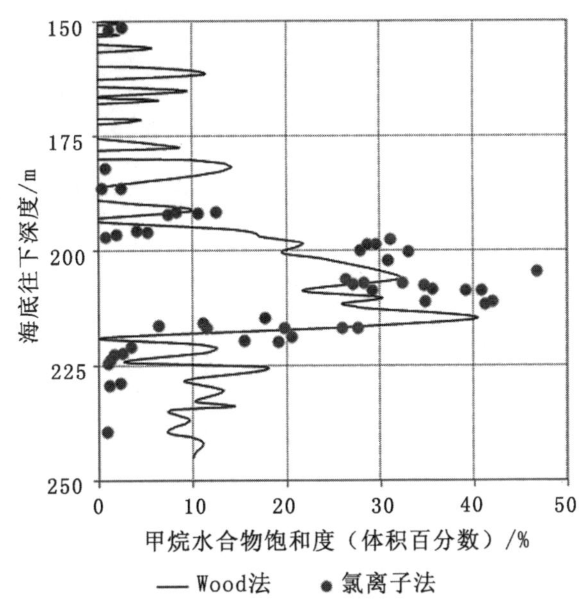

图 2.5 Wood 法与氯离子法预测的水合物饱和度对比图

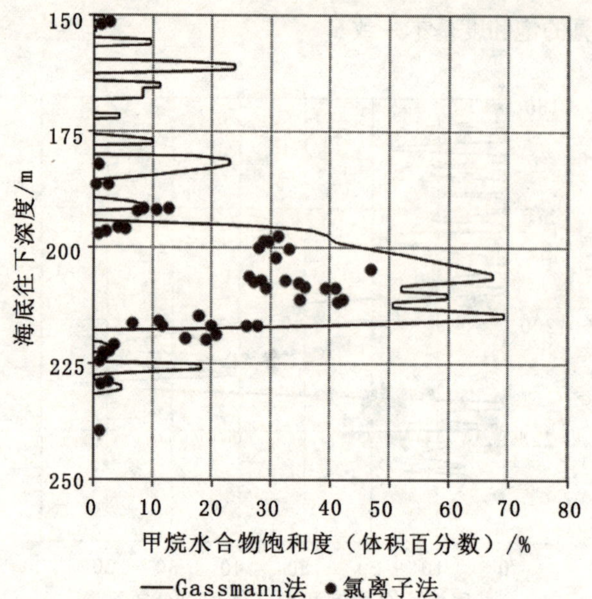

图 2.6 Gassmann 法与氯离子法预测的水合物饱和度对比图

第 3 章

南海沉积盆地

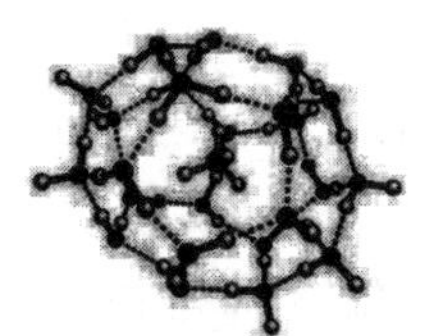

南海因位于中国南边而得名，为西太平洋的一部分。中国汉代、南北朝时称为涨海、沸海。清代以后逐渐改称南海。南海的油气资源极为丰富，享有“第二个波斯湾”的美誉。

3.1 盆地基底

3.1.1 南海北部盆地

已有钻井资料显示，在南海北缘的珠江口盆地、琼东南盆地及北部湾盆地均钻到了前新生代基底，岩性上以花岗岩、变质岩为主。而在莺歌海盆地，由于渐新世后，海相沉积巨厚，基底未知，但在盆地东北缘莺东斜坡带钻遇基底，主要为花岗岩、变质岩、凝灰质砂岩和混合岩等。

3.1.2 南海南部盆地

南海南部盆地基底主要为前新生代中酸性—基性火成岩及变质岩，而在西北巴拉望盆地基底为变质浊积岩。礼乐盆地基底为中生代浅海相砂岩、页岩、砾岩和含煤系的砂岩。曾母盆地基底西部为中生代晚期至古近纪的深成岩和火山岩，南部主要为古新世—始新世浅变质、高变形的类复理石浊流沉积，东部可能由前新生代变质岩、沉积岩和火山岩组成，北部基底性质不明。

3.2 不同地质演化特征对比

3.2.1 古新世—始新世

3.2.1.1 南海北部盆地

南海北缘盆地古新世地层目前仅在珠江口盆地和北部湾盆地钻遇。珠江口盆地古新世神狐组为盆地断陷初期形成的河流相快速堆积，主要为杂色及棕红色粗碎屑岩。始新世盆地发生大规模的断陷沉降，主要沉积半深湖相的暗色泥岩、页岩。值得注意的是，南海北缘东部台西盆地古新世至始新世主要为浅海相碎屑岩、页岩，含火山碎屑岩、灰岩沉积。据钻井揭露，晚古新世盆地主要沉积海相砂泥岩互层，始新世主要为浅海相页岩与钙质、泥质砂岩互层。

3.2.1.2 南海南部盆地

与南海北缘盆地相反，南海南缘盆地则主要为发育浅海—半深海相沉积；西部北康盆地古新世—中始新世时西北部为冲积平原环境，以砂质沉积为主；东南部为滨—浅海相沉积环境，以砂泥互层、砂岩为主。晚始新世—早渐新世，盆地整体由陆相沉积变为海陆过渡相、潟湖相和滨海—浅海相沉积，碎屑岩粒度向上变细。东部礼乐盆地古新统东坡组包含 2 套地层，下部为分布广泛的陆架灰岩，上部为冲积扇或三角洲相碎屑岩，主要为含砾砂岩、粉砂岩和泥岩。早—中始新统阳明组由灰绿—棕色钙质页岩组成，属半深海相沉积。晚始新统—早渐新统忠孝组为浅海相碎屑沉积，由灰绿色—红色泥岩和砂岩组成，与下伏地层呈区域不整合接触。西北巴拉望盆地早始新统主要为浅海相沉积，岩性以细砂岩、粉砂岩为主，夹少量页岩、泥岩。

3.2.2 早渐新世

3.2.2.1 南海北部盆地

早渐新世南海北缘盆地开始出现海侵，主要发育海陆交互相砂岩—泥岩沉积。琼东南盆地早渐新世崖城组岩性为灰白色砂砾岩、砂岩与深灰色泥岩互层，并可见煤层，早期为陆相和海陆过渡相沉积，晚期可能完全变为海相沉积。珠江口盆地早渐新世恩平组岩性主要为碳质泥岩及煤系，为一套滨海、湖泊沼泽相沉积。东部台西盆地在早渐新世广泛沉降并接受海相沉积，主要为滨海相和浅海相砂岩—泥岩互层。

ODP184 航次 1148 站位发现渐新世半深海相沉积，大部分为单一的、富含石英的橄榄绿色钙质超微化石黏土，发育强烈的生物扰动构造，并在早期出现快速堆积夹浊流沉积，推测为南海海底扩张之前强烈构造活动的产物。

3.2.2.2 南海南部盆地

早渐新世南海南缘海相范围逐渐扩大，西部北康盆地在早渐新世受到从东向西的海侵，沉积环境从东部的浅海—半深海相，向西过渡为滨浅海相、三角洲相、沼泽相、冲积平原相，岩性主要以砂岩—泥岩为主。东部礼乐盆地早渐新世主要为浅海—半深海相碎屑岩沉积，岩性主要为灰绿色—红色泥岩和砂岩—泥岩互层。西北巴拉望盆地早渐新世为河流—陆架—内浅海沉积体系。民都洛陆块晚始新世—渐新世发育 Caguray 地层，岩性主要为灰绿色钙质砂岩、粉砂岩、泥岩及少量砾岩和灰岩，灰岩中含有大量的有孔虫和海藻碎屑。

3.2.3　晚渐新世—早中新世

3.2.3.1 南海北部盆地

晚渐新世—早中新世南海北缘盆地海侵范围不断扩大。早渐新世，仅琼东南盆地发生海侵，至晚渐新世，南海北缘盆地大部分地区结束裂陷期沉积，进入裂陷后期演化阶段，形成渐新世—中新世区域破裂不整合。琼东南盆地、莺歌海盆地和珠江口盆地均发生海侵，仅北部湾盆地为陆相。琼东南盆地上渐新统陵水组主要为滨浅海相和三角洲相浅灰色砾状砂岩、中—粗粒砂岩与深灰色泥岩互层，局部夹灰岩，其上以砂岩夹泥岩沉积为主。下中新统三亚组分为两段，下部岩性为浅灰色中—粗粒砂岩、含砾砂岩、粉砂岩、泥质粉砂岩与灰—深灰色泥岩、粉砂质泥岩互层，局部含钙或煤；上部岩性为灰白、浅灰色中—细粒砂岩与灰色泥岩互层。珠江口盆地晚渐新世珠海组进入裂后沉积阶段，代表了陆相沉积趋于结束和海相沉积的开始。早中新世珠江组沉积环境为滨浅海相及碳酸盐岩台地相，岩性以碎屑岩为主，其下部主要为浅灰色砂岩、粉砂岩夹泥岩，局部区域发育碳酸盐岩台地，其上部主要为灰色泥岩、粉砂质泥岩与砂岩互层。东部台西盆地在早中新世为深海相泥岩或粉砂岩，并开始逐渐形成一套以三角洲相、滨—浅海相砂岩为主的沉积地层。

ODP184 航次 1148 站位在渐新统 / 中新统界面（25.5～23.8 Ma）呈现出明显的变化，表现为滑塌变形沉积带，具有明显的同生变形构造，碳酸盐岩含量明显升高。尽管这层沉积物岩性组成上仍以黏土沉积物和钙质超微化石为主，但显示出浊流沉积的特点，如旋卷层理、微弱的沉积塑性变形和浅色碳酸盐岩碎屑泥等。位于南海中央深海盆的IODP349航次U1431站位在火山岩层序（玄武岩）中发现了早中新世的沉积物夹层，主要为黄棕色黏土岩和黏土角砾岩。

3.2.3.2 南海南部盆地

和南海北部陆缘盆地类似，南海南缘大部分盆地在早渐新世—晚渐新世末期结束裂陷期，形成破裂不整合，盆地整体发育海相沉积。西部北康盆地从晚渐新世开始处于浅海—半深海环境。在早中新世，西纳土纳盆地也变成了海洋环境，使北康盆地远离物源区，同时由于处于温暖海域，发育大量碳酸盐台地和生物礁。而靠近南缘的曾母盆地在晚渐新世—早中新世为周缘前陆盆地演化阶段，形成一个以海退为主的沉积旋回。文莱—沙巴盆地在这一时期主要为滨浅海—深海相浊积砂岩、泥岩，含少量碳酸盐岩。东部礼乐盆地在早渐新世末期结束裂陷期，进入裂陷后期演化阶段。晚渐新世—早中新世为碎屑岩、碳酸盐岩和生物礁，以三角洲相、滨海相、浅海—半深海相沉积为主。西北巴拉望盆地晚渐新世裂陷期主要为开阔浅水陆架灰岩，早中新世裂后沉降期出现泥质砂岩和泥岩，局部为珊瑚和红藻礁灰岩。晚渐新世为Bugtong地层，主要由灰岩、粉砂岩、砂岩和砾岩组成，早、晚渐新世之间的接触关系不是很清楚。

3.2.4 中中新世—晚中新世

3.2.4.1 南海北部盆地

中中新世—晚中新世南海北缘盆地整体进入裂后坳陷演化阶段，普遍接受海相沉积。琼东南盆地中中新世—晚中新世沉积环境由滨浅海相及台地相变为滨浅海相。中中新统梅山组岩性主要为浅灰色厚层泥岩、细砂岩夹薄层泥岩、粉—细砂岩互层，普遍含钙质，上中新统黄流组以砂泥岩互层为主。珠江口盆地中中新统韩江组岩性以泥岩为主，夹砂岩，局部发育生物礁滩灰岩，为浅海相沉积，上中新统粤海组岩性主要为灰色泥岩与砂岩、粉砂岩互层，为一套浅海相及滨浅海相沉积，并逐渐演变为开阔浅海环境。台西盆地上中新统以三角洲相、滨—浅海相砂岩为主。

ODP184航次1148站位中新统岩性主要为含钙质超微化石的橄榄灰和红棕色黏土，浅灰绿色黏土质超微化石软泥和灰绿色超微化石黏土的混合沉积物。IODP349航次U1431站位中—上中新统主要为深橄榄色—棕色黏土岩和深灰绿色砂岩，为深海相沉积，在上中新统发现火山碎屑角砾岩和浊积岩，浊积岩岩性主要为深灰绿色黏土岩和粉砂黏土岩，含少量层状粉砂岩和细砂岩。粉砂质浊积岩和富超微化石 / 钙质浊积岩都有发现，粉砂质浊积岩可能触发自于马尼拉俯冲或台湾造山相关的火山活动和地震事件，源区在东部和东北部，钙质浊积岩可能来自邻近的源区，如发育有碳酸盐岩台地的海山。

3.2.4.2 南海南部盆地

中中新世—晚中新世南海南缘整体仍为海相沉积，但受南海洋壳俯冲造山影响，俯冲前缘逐渐由深海相向浅海相过渡。北康盆地在中新世以浅海、半深海相沉积为主，在晚中新世水体进一步加深。同时，由于西部三角洲不断外推，在盆地西部发育三角洲相沉积。曾母盆地中中新世为前陆盆地定型和改造阶段，晚中新世后进入区域沉降阶段，以滨海—浅海相沉积为主。文莱—沙巴盆地在中新世沉积相自南向北依次分布海岸平原、浅海环境、开阔海环境，以海退为主，并延续至今。东部礼乐盆地中新世礼乐组为白色、浅黄色砂岩、泥岩、碳酸盐岩和生物礁，沉积相为内浅海和亚滨海潮滩相，海相沉积覆盖了整个盆地，但在盆地周围的斜坡带，半深海相泥岩已直接覆盖在了碳酸盐岩之上。西北巴拉望盆地中中新世为厚层页岩和泥岩，夹粉砂岩与砂岩互层，晚中新世为砾岩与砂岩互层、灰岩、燧石层和页岩，与下伏地层呈不整合接触，水深逐渐变浅，沉积环境由深海—半深海相变为浅海相。民都洛陆块中新统由下到上包含 Tangon、Napisian 和 Pocanil 三套地层，主要由灰黑色炭质页岩、砂岩、灰岩及砾岩组成。民都洛陆块晚渐新世—中中新世砂岩、灰岩对应于南海张裂后的裂后拗陷沉积，中中新世、晚中新世之间的不整合对应于南海洋壳的俯冲造山。

3.2.5　上新世之后

3.2.5.1 南海北部盆地

上新世之后南海北部上新世地层主要为浅海—半深海相沉积，岩性主要为深灰色泥岩、粉砂质泥岩、夹细砂岩。在第四纪，大部分盆地均为一套灰色未固结的黏土层夹粉砂层及砂层，并含生物碎屑。ODP184 航次 1148 站位中新统 / 上新统界面以浅色富碳酸盐超微化石黏土层的增加和黄铁矿结核的消失为特征。上新统—更新统沉积物岩性主要为含石英和超微化石的具强烈生物扰动的黏土，下部含更多的超微化石，上部含更多的黏土。上更新统则含有大量的硅质化石。IODP349 航次 U1431 站位上新世后岩性主要为深灰绿色黏土和粉砂质黏土岩，同时还频繁出现具有粒序层理的粉砂质浊积夹层。

3.2.5.2 南海南部盆地

上新世之后北康盆地晚中新世—第四纪以半深海相沉积为主。礼乐盆地上新世后主要为滨海、浅海至半深海相砂岩、泥岩，多发育碳酸盐岩和生物礁，而沉降区主要为堆积碎屑岩。西北巴拉望盆地上新世、更新世的现代沉积主要由浅水灰岩组成，局部为钙屑灰岩。民都洛陆块晚中新世至更新世地层不整合覆盖于老地层之上，主要由砾岩、砂岩、页岩及灰岩组成。

第 4 章

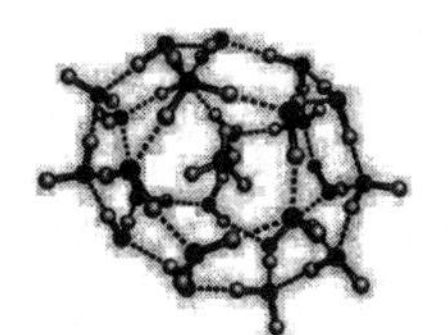

天然气水合物正演模拟技术

在对实际地震资料进行地震解释的过程中，为了对资料有更进一步的认识，就需要依据解释的结果建立典型的“地质概念模型”。模型是真实地质构造形态的简化，该简化模型一般包含影响地震成像的几个重要因素，例如，地层、流体有关的速度、密度、厚度、各种界面 / 裂隙的空间形态等。依据给定的模型，利用正演模拟方法进行地震模拟获得地震响应，从而可进一步对该地震响应进行研究分析，进一步完善现有认识。

4.1　地震模型技术的概念

对于客观世界存在的复杂事物，如果想要对其进行研究，探究其本质规律，对具体的实物进行观测和试验是最可靠的办法。但是，在实际进行研究时，由于技术手段、方法可行性、实验条件、灵活性及运行成本等因素的制约，使得在对实物进行直接的观测研究时会遇到很多困难，甚至不可能实现对实物的直接观测。在这种情况下，模型技术就应运而生，即利用模型来代替实物，通过对模型的研究来获得对实物的认知。

模型技术其实是对复杂事物的一种合理简化。当对某一类复杂事物进行研究时，要舍弃、忽略那些非本质的次要方面，提炼出能反映事物主要特点的某些方面，建立起一个能涵盖此类事物的主要特点的模型，然后对事物进行观察研究。观察发生在模型中的物理现象时常用的是数学或物理手段，对发生的现象总结其基本规律，用以指导对实际的复杂事物的规律的研究。

实际的地下地质情况是相当复杂的，存在着介质横向不连续，岩性岩相差异大，各向异性明显等问题。地震波在地下的传播规律也很复杂，存在吸收衰减、波会产生反射绕射折射等。地震模型技术是对实际的复杂地下介质作的一种适当的简化（如将岩层近似为弹性体，岩层近似简化为均匀介质、水平层状介质、连续介质等），对地震波的传播规律也做适当的简化，如将其简化为遵循一定的波动方程等。基于这样的假设建立不同的模型，然后用一定的数学或物理手段研究地震波在模型中的传播特点，用来近似模拟获得真实的地质构造条件下的地震波场的特点。正演模拟的结果可以对实际地震勘探中多方面的工作进行指导，例如指导野外地震资料的采集、室内资料的处理和解释等各方面的生产和理论研究工作。

地震模型技术按照做法来说可以分为两种：一种是数学模型，另一种是物理模型。地震数学模型技术就是建立一个地下地质构造模型（给定地质构造的几何形态和岩石物性参数），根据模型的相应参数设计合理的观测系统，用数学方法计算地质构造的地震波场特点，得到由这个地质构造产生的地震响应。地震物理模型技术是利用一定的物理激发和观测设备，设计与野外地震勘探的激发和采集方式相像的观测系统，对接收的记录数据进行处理，得到用于理论研究的地震剖面或地震数据体。具体实现时必须考虑所建模型与实际地质体的相似性，包括几何相似性、运动学和动力学特征的相似性等，也就是说要求建立的模型在形态、结构和物性各方面与实际地质构造的主要特征相似。然后，选择合适的激发震源，在实验室对此模型模拟地震勘探的野外工作，进行多种方式的数据采集，再对采集的数据进行常规处理，分析地震响应特征，进而指导地震勘探的采集、处理、解释等工作。

地震数学模型技术的主要优点是：改变模型参数很方便，可以很灵活的按照具体要求选用不同的理论和公式，特别适用于人机联做解释过程中反复修改模型和计算模型的地震响应，在理论研究中也很有用处。物理模型制作比较复杂，成本高，修改模型也不如数学模型方便。因此正演模拟主要针对数学模型开展。

4.2 正演模拟的意义

模型正演就是利用已知资料建立初步的地下地质模型，根据初步的地质模型和相应的地层物性参数，如速度、密度等，按照射线理论或波动理论计算给定模型的地震响应，即合成的水平叠加剖面或偏移剖面，并将合成剖面与实际剖面进行比较，反复修改初始地质模型，直到计算的合成剖面与实际剖面比较相近为止。它是验证解释成果是否准确的有效方法，这是一个反复修改迭代的过程。

正演模拟在地震勘探中起着举足轻重的作用，是对建立的已知构造地质模型进行计算，模拟获得地震波在其中的传播规律的一种方法，模拟结果涵盖了地震波的走势、传播路径、能量吸收衰减等。正演模拟是一种非常好的辅助工具，帮助人们清晰的认识地震波在复杂介质中传播规律，包括波的运动学和动力学特征等，波的反射、透射等，进而获得地下地质体所产生的反射地震波的波场特征。对实际地震资料的解释结果进行抽象简化所建立的地质模型进行正演模拟，可以获得一定的认识，得到波的传播规律，增进人们对未知事物的认识，建立起一定的响应模式，从而在解决实际地质问题方面提供一定的模式指导。

针对不同的地震模型，地震正演模拟技术可分为地震物理模拟与数值模拟两种。相较于地震物理模拟，地震数值模拟因成本低、简单易操作受到人们的青睐。地震数值模拟是对已知模型的一种数学物理正演，模拟是建立在已知的数学模型基础上的，模型的地质结构和地层的岩石物理参数已知，包括速度、密度等参数。地震正演模拟技术是借助计算机平台，利用数学方法模拟获得地震波在已知模型中的传播规律，并计算在给定的各观测点的数值的地震记录的一种模拟方法。正演模拟方法的理论基础是地震波传播理论，它表征了地震波在地下各种介质中传播特点。地震勘探是反演的过程，它通过地震记录来刻画地下介质结构模型，并描述地下介质的岩性及构造形态。反演的进行是要以地震正演模型为基础的。因而，地震数值模拟的作用表现在两方面：一是进行地震正演模拟研究的有效手段；二是进行地震反演计算的基础。因此，地震数值模拟的作用就凸显出来了，其贯穿于数据的采集、处理、解释等各环节。在野外地震数据采集中，数值模拟可用来指导观测系统的设计，评估其可行性及采集效果，提出优化的地震观测系统方案，减少采集过程中的盲目性，降低采集成本。在对地震数据进行处理时，数值模拟可以对反演方法的正确性进行检验。在地震资料解释中，数值模拟又可以检验解释结果的正确性，模拟结果可辅助识别剖面上的各种假象。

4.3 正演模拟的方法

4.3.1 褶积正演方法原理

褶积正演方法相对简单，即首先建立相应的地质模型，对其进行模型网格化，根据网格数据计算每个网格点的传播时间和反射系数，并与子波进行褶积计算，从而得到一道地震记录。

4.3.2 射线正演方法原理

地震波射线正演方法有很多，这里介绍一种试射收敛法，该方法的优点是计算速度快，能够适应复杂的地质模型。图 4.1 是起伏界面射线路径的示意图，S 为震源激发点，R 为射线出射点，起伏界面分别用 $f_1(x), f_2(x), f_3(x), \cdots, f_x(x)$ 表示，P 表示射线与界面的交点，所有界面的交点坐标和出射点 R 坐标为待求参数。

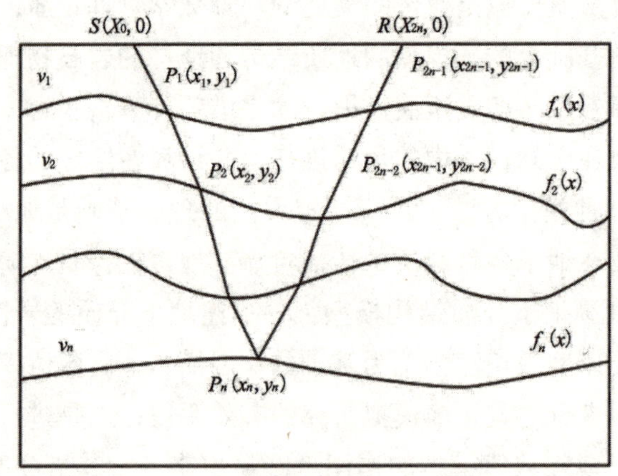

图 4.1　起伏界面射线路径示意图

对起伏界面射线路径的计算，可归结为两个问题：一是射线与起伏界面的交点计算；二是射线在界面交点处发生透射（或反射）后，透射线（或反射线）的方向计算。射线与界面的交点计算问题可以利用直线与直线相交的方法解决，将层位线离散成很多点的组合，两两点可以形成线段，循环计算这些直线与射线的交点，如果有交点，则计算真实的交点，这个交点则是射线与地层的交点，该部分内容比较简单，这里不重点叙述，以下重点介绍第二个问题。

为方便讨论，我们假定直角坐标系中 Y 轴向下为正，方位角从 Y 轴开始计算，逆时针方向为角度的正方向，入射线的方位角 φ、界面交点 $p(x_p, y_p)$、界面函数 $f(x)$ 是已知条件，透射线或反射线的方位角是待求参数。

图 4.2 是入射线与透射线的关系示意图。如图所示，入射线与界面交于点 P；L_0 表示交点处界面的法线，与 Y 轴的夹角为 θ；L_1、L_2 分别为入射线和透射线，入射角和透射角分别用 a_1 和 a_2 表示，对应的方位角用 φ_1 和 φ_2 表示。

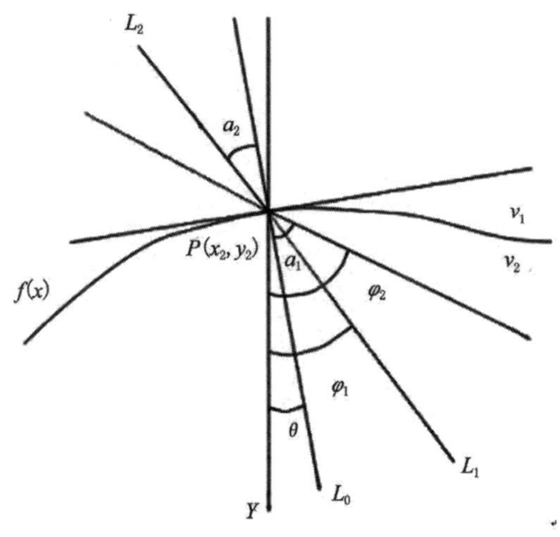

图 4.2　入射线与透射线的关系图

用 $f'(x)$ 表示 $f(x)$ 函数对 x 变量的导数，即在界面点 P 的切线斜率。由图 4.2 的几何关系可知，P 点的法线与 Y 轴的夹角 θ 为：

$$\theta=\arctan f'(x) \tag{1}$$

根据 snell 定律可知，入射角 a_1、入射介质速度 v_1、透射角 a_2 和透射介质速度 v_2 存在如下关系：

$$\frac{\sin a_1}{\sin a_2}=\frac{v_1}{v_2} \tag{2}$$

由三角函数关系可推导出透射角 a_2 的余弦：

$$\cos a_2=\sqrt{1-\left(\frac{v_1}{v_2}\sin a_1\right)^2} \tag{3}$$

这样透射角 a_2 正弦值和余弦值就可由已知入射角 a_1 的正弦值来确定。由

图 4.2 可知，入射角 a_1 与其对应的方位角 φ_1 存在如下关系：

$$a_1=\varphi_1-\theta \tag{4}$$

$$\sin a_1=\sin(\varphi_1-\theta)=\sin\varphi_1\cos\theta-\cos\varphi_1\sin\theta \tag{5}$$

透射角 a_2 与其对应的方位角 φ_2 也存在如下关系：

$$\varphi_2=a_2+\theta \tag{6}$$

则

$$\begin{aligned}\sin\varphi_2&=\sin a_2\cos\theta+\cos a_2\sin\theta\\ \cos\varphi_2&=\cos a_2\cos\theta-sina_2\sin\theta\end{aligned} \tag{7}$$

可以根据上式计算透射的方向参数射线法如图 4.3 所示。类似地，可以计算反射的方向参数，角度存在如下关系：

$$\begin{aligned}a_2&=a_1\\ \varphi_2&=\pi-a_2+\theta\end{aligned} \tag{8}$$

则

$$\begin{aligned}\sin\varphi_2&=\sin a_1\cos\theta+\cos a_1\sin\theta\\ \cos\varphi_2&=\cos a_1\cos\theta-sina_1\sin\theta\end{aligned} \tag{9}$$

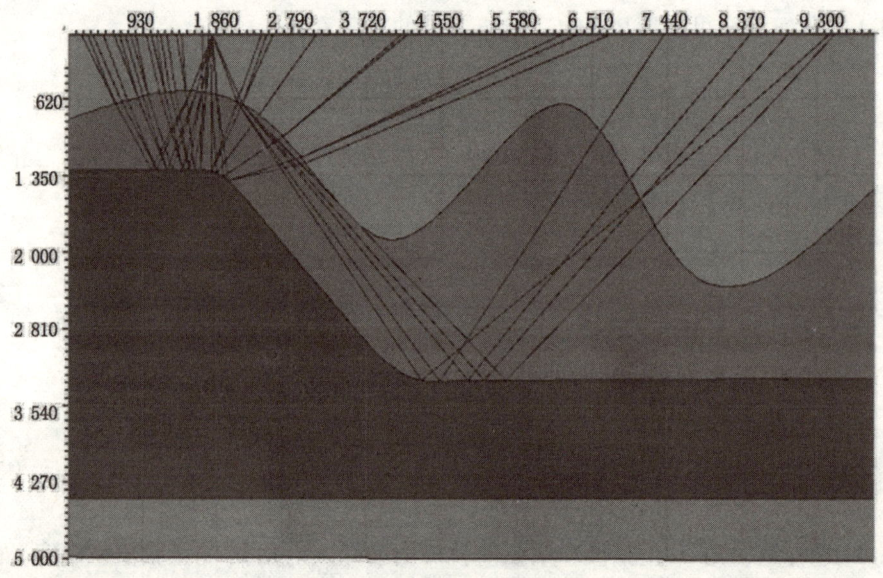

图 4.3　射线法示意图

以上介绍了试射法射线追踪，但是该方法无法控制地面的出射点是否落到检波器上，因此，需要对此方法进行改进，改进的思路是试射收敛法。

当初始试射线确定后，需要进行接收点的精确射线计算，由模型分析可知，初始角度与射线出射点位置存在一定的对应关系，即初始角度越大对应的接收点与炮点的距离越大，为简化问题，我们用线性关系来近似表达其复杂的内在关系，如图 4.4 所示，x_s 为炮点位置，两条试射线分别以初始角度 a_1 和 a_2 试射，在地面出射点的位置，分别为 $x(a_1)$ 和 $x(a_2)$，x_1 和 x_2 分别为出射点到接收点 R 的距离，则可根据线性关系计算对应接收点 R 的初始角度 a，公式如下：

$$\frac{x-x_1}{\alpha-\alpha_1}=\frac{x_2-x_1}{\alpha_2-\alpha_1} \tag{10}$$

整理得：

$$\alpha=\alpha_1+\frac{x-x_1}{x_2-x_1}(\alpha_2-\alpha_1) \tag{11}$$

其中，x 为检波器坐标，x_1 和 x_2 为两条离 x 最近的射线出射点坐标，α 为所求的试射角度，α_1、α_2 分别对应两条射线的试射角度。

进行第一次计算后，根据新的初始角度重新进行试射追踪，同样利用以上公式原理，寻找两个距离检波点 R 最近的出射点射线，不断重复以上计算过程，直到满足精度要求为止。

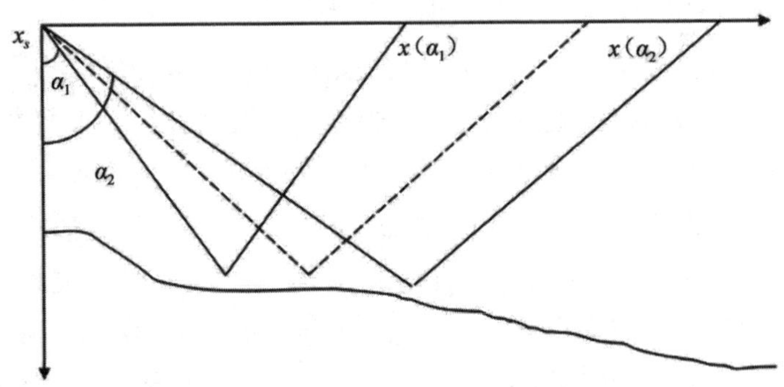

图 4.4　试射线追踪收敛示意图

该方法的原理和步骤是：

（1）按照一定角度进行试射线追踪，这一步主要难点是射线在界面透射和反射方向的计算。

（2）根据出射点位置进行试射收敛，收敛公式为：

$$\frac{x-x_1}{\theta-\theta_1}=\frac{x_2-x_1}{\theta_2-\theta_1} \tag{12}$$

整理得

$$\theta=\theta_1+\frac{x-x_1}{x_2-x_1}(\theta_2-\theta_1) \tag{13}$$

式中，x为检波点坐标；x_1和x_2为两条离x最近的射线出射点坐标；θ为所求的试射角度；θ_1和θ_2分别对应x_1和x_2射线的试射角度。

（3）根据以上角度重新试射追踪，再搜寻最近的两条射线，利用以上公式重新试射追踪，不断重复以上过程，直到满足精度要求为止。

4.3.3 波动方程正演方法原理

波动方程正演通常采用全程波零炮检距正演模拟，主要分为求反射系数、波场外推和接收正演记录三个步骤。其中反射系数利用常用公式求取；波场外推是利用下列二维二阶声波标量方程：

$$\frac{1}{v^2}\frac{\partial^2 p}{\partial^2 t^2}=\frac{\partial^2 p}{\partial^2 x^2}+\frac{\partial^2 p}{\partial^2 z^2} \tag{14}$$

式中，p为声压；t为地震波传播时间；x为地下空间震动质点离坐标原点的水平位置；z为地下空间震动质点离地面的距离。

地震波场数值模拟可有效辅助在复杂地区进行的地震资料的采集、处理和解释等工作，数值模拟主要包括射线追踪法和波动方程法两大类。波动方程数值模拟方法相对射线追踪法来说，计算速度相对较慢，因其本质上是求解地震波波动方程的过程，获得的地震波场中包含了地震波传播的所有信息。射线追踪法是一种基于射线理论的几何地震学，它简化了地震波的波动理论，计算速度相对较快。该理论主要涉及地震波传播的运动学规律，相对缺乏地震波的动力学信息。相较于射线追踪法，波动方程模拟能提供更为翔实丰富的波场信息。这有助于研究地震波在地下介质中的传播机理，而且还可以对复杂构造的地震资料的解释提供一定的方法。因此，波动方程数值模拟方法一直是地震波场数值模拟中很重要的一种方法。

第 5 章

天然气水合物实验技术

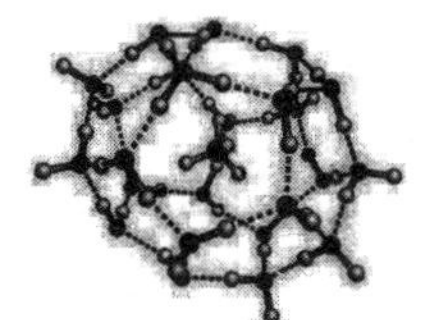

天然气水合物作为 21 世纪极具开发前景的能源，已引起世界各国的高度关注。模拟实验分析可以更好地了解水合物，随着天然气水合物研究的不断深入，水合物模拟实验也得到了不断完善。实验室采用多种检测与分析技术对水合物的结构、物理化学性质以及形成与分解的热动力学规律等问题进行研究，取得了一系列研究成果。

5.1 天然气水合物的实验检测技术

目前检测水合物形成与分解过程的技术主要有温压法、光学检测、超声检测、电阻法和时域反射技术等。

5.1.1 温压法

温压法是通过分析实验中反应釜内温度、压力等的变化，来检测水合物的生成与分解，确定天然气水合物相平衡条件的方法。温压法对温度、压力的控制精度和测量精度要求较高，实验所需时间较长。国内外很多院校及研究机构利用温压法做了水合物相平衡的相关实验。

5.1.2 光学检测

光学检测主要利用光纤传感器等，探测水合物形成与分解过程中光的通过率，从而测定水合物的相态。光学检测要求反应釜是耐高压的透明材料（如蓝宝石）或带有视孔，且反应体系清晰可辨，以便观察水合物的生成与分解，确定水合物的相平衡数据。2002 年业渝光等人在纯水中进行了甲烷水合物试验，发现当温度降到一定值时，光通过率综合值突然降低，水合物大量生成。升高温度到一定值时，光通过率综合值开始上升，水合物开始分解。

图 5.1 所示为中国石油大学油气藏流体相态重点研究室自行设计的蓝宝石水合物反应釜示意图。为了模拟真实环境下的天然气水合物，需采用水、砂等混合物，因其不透明，光学检测将受到制约。

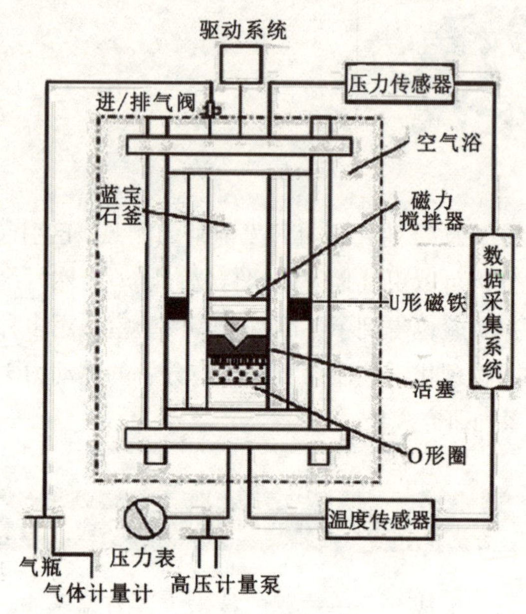

图 5.1　蓝宝石反应釜水合物实验装置示意图

5.1.3　超声检测

超声检测是根据实测的声学参数（如声速、频率、幅度）来反演水合物相态信息的检测手段。张剑等人的实验表明，在纯水—甲烷体系（实验装置如图 5.2 所示）中，声波速度的变化主要受温度的制约，水中生成的絮状水合物并没有使声波速度发生明显变化；在纯水—松散沉积物—甲烷体系中，声波速度和系统主频的变化灵敏地反映出体系内水合物的生成和分解；在纯水—岩心—甲烷体系中，随着水合物的生成，纵波速度、横波速度以及纵波幅度均增大，这说明纵波和横波的速度随着孔隙度的减小而增大，而纵波幅度的衰减则随着孔隙度的减小而减小。

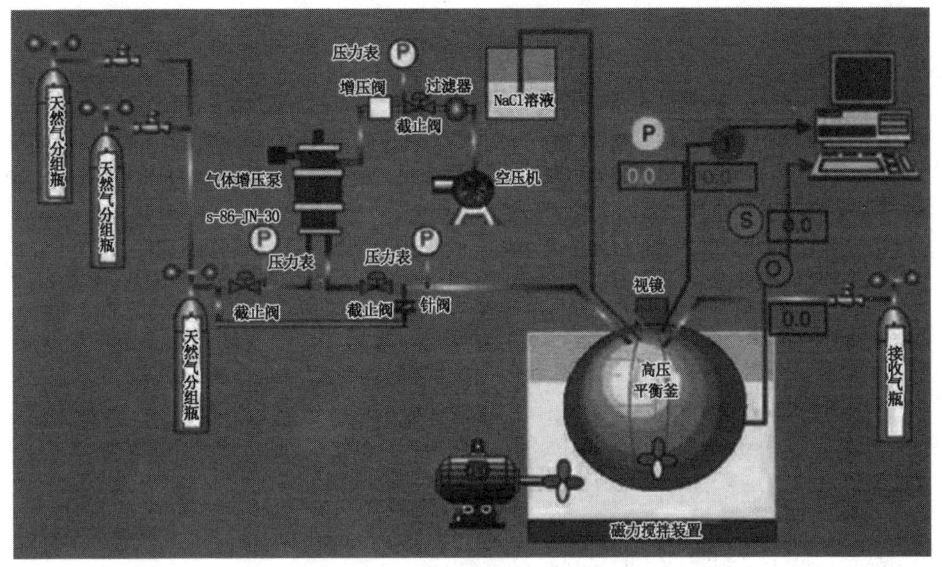

图 5.2　纯水—甲烷体系实验装置示意图

2008 年中国石油大学的张卫东等对不同水合物饱和度下的填砂模型进行了声速测量，实验系统如图 5.3 所示。考虑水合物的胶结作用对声速的影响，引入表观岩石骨架速度的概念，建立了威利时均方程在水合物层的修正模型。实验结果表明，水合物在形成过程中填充了地层沉积颗粒之间的孔隙，增强了地层的胶结质量，导致水合物地层中声速提高，实验与理论模型吻合较好，为水合物沉积层的声波测井解释提供了依据。

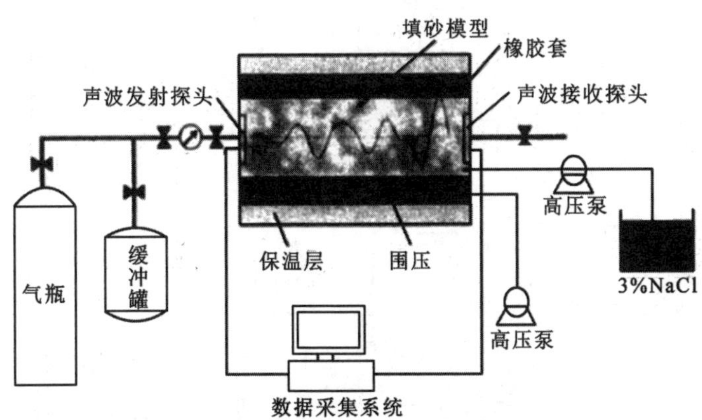

图 5.3　超声检测法实验系统示意图

5.1.4 电阻法

水合物的形成过程是一个成核—微晶—结晶—聚集的过程。电阻法在测量成核—微晶过程中是一种较为可靠的方法。它通过测量体系内离子或物理参数的变化，来实现对水合物生成过程进行监测。Buffett 等人采用电阻法对多孔介质中 CO_2 水合物的形成过程进行了研究，发现 CO_2 水合物在较低的压力下能够产生与 CH_4 水合物同样的晶体结构，CO_2—H_2O 相图与 CH_4—H_2O 相图也非常接近。他们还通过电阻率的变化速率研究水合物形成过程中的传热过程和动力学，认为电阻法可以量化水合物的成核规模。电阻法适用于 CO_2 等溶于水并可以电离的气体，对于 CH_4 等气体可以利用含有离子的水溶液进行实验，通过测量体系水消耗而引起的电阻值减小来监测水合物生成。Spangenberg 等人采用 NaCl 溶液进行甲烷水合物合成实验。根据系统的阻值变化对水合物进行检测，并估算样品中甲烷水合物的饱和度。

5.1.5 时域反射技术

时域反射（TDR）技术，是根据体系的表观介电常数与含水量的正相关关系对水合物的形成与分解进行监测的技术。Wright 等人通过 TDR 技术发现，温度降低时，水合物形成，含水量降低，也就是介电常数降低。根据表观介电常数和孔隙水含量之间的经验关系即可算出实验岩心的水合物饱和度。青岛海洋地质研究所天然气水合物实验室 2004 年建成一套天然气水合物地球物理实验装置，如图 5.4 所示。该装置的特色是首次将超声探测技术和时域反射技术集成于一个系统中，可实时地测定沉积物孔隙中不同水合物饱和度情况下的声学特性。

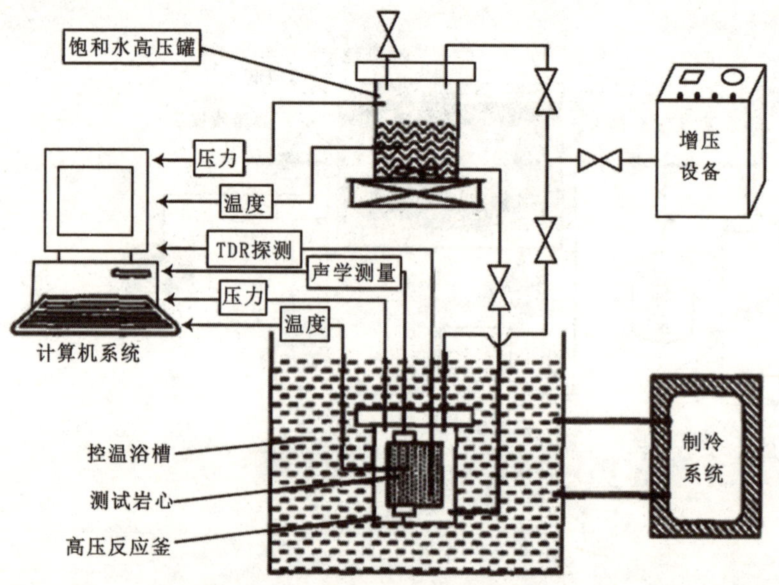

图5.4 天然气水合物的地球物理模拟实验装置示意图

5.2 天然气水合物的实验分析技术

除了对天然气水合物的生成与分解过程进行检测外，还需要进一步探测水合物的物理化学特性。实验室借助衍射、CT 等先进技术对水合物进行深入研究。

5.2.1 衍射技术

衍射技术是确定水合物结构、提供晶格参数等结构信息的有效手段。衍射技术分为中子衍射和 X 光衍射 2 种。Gutt 等人通过 X 射线和中子衍射实验发现 I 型水合物的热膨胀系数明显大于六角冰，而Ⅱ型水合物的热膨胀系数在低温下与六角冰不同，随着温度的升高逐渐接近六角冰的数值。气体水合物的热膨胀系数比六角冰大，是由于水合物填充了客体分子后引起了晶格主体上水分子的非简谐振动。

5.2.2 CT 技术

用 CT 数据来表示气体、水、水合物和冰密度信息之间的差异是应用 CT 技术对水合物进行分析研究的基本原理。

冻土工程国家重点实验室从 2005 年开始，利用 CT 技术开展了水合物实验研究，提出了利用查理数改变对水合物形成过程进行分析的方法，通过 CT 图像数据计算出多孔介质中水分迁移、区域密度改变、砂体移动及分解后介质密度分布的变化特征。

5.2.3 差示扫描量热法

差示扫描量热法（DSC）可以通过水合物分解过程中的热输入变化分析水合物的热学性质。水合物分解过程中气体的逸出会导致水合物样品的质量和热容量改变，因此 DSC 技术很难对分解热进行定量测定。但可以通过比较不同水合物样品的分解热曲线，对其性质作一定的了解。Lu 等人通过实验发现，纯 CH_4 水合物与 H_2S 水合物的分解热曲线完全不同，表明了它们具有不同的稳定性。尽管天然水合物样品所含的 H_2S 不到 1%，但这些微量组分可以造成水合物样品的分解热曲线有很大的不同。

5.2.4 拉曼光谱

拉曼光谱分析技术是以拉曼效应为基础建立的分子结构表征技术。拉曼光谱可根据特征光谱，对物质进行定性分析，也可以根据光谱谱带和吸光度的特点进行结构分析和定量分析。例如Ⅰ型水合物的大笼数量（51 262）是小笼（512）的 3 倍，Ⅱ型水合物的大笼数量（51 264）是小笼（512）的 0.5 倍，因而对甲烷水合物而言，从测定的拉曼谱图上大、小笼的峰值就可以判断其属于何种类型。雷怀彦等人通过拉曼光谱技术对一元体系（CH_4、CO_2、C_3H_8）和二元体系（CH_4+CO_2，CH_4+C_3H_8，CH_4+N_2）的水合物生成结晶充填过程、结晶构型和动力学特性进行了研究。他们认为气体分子的大小不仅影响它所充填的孔穴形态和类型，而且影响天然气水合物生成的结构类型和水合数。

5.2.5 核磁共振技术

核磁共振波谱法（NMR）在研究水合物特征的所有谱学技术中具有突出的地位，它对分子环境及动力学过程具有高灵敏度，能够提供准确和定量的数据。Davidson 等人通过 NMR 发现水合物主体晶格上水分子的振动与六角冰不同。冰中的扩散速度要比水合物中的扩散速度快 2 个数量级。当温度在 50 K 以下时，水合物中水分子的扩散运动基本消失，此时水合物晶格可看作刚性的。核磁共振成像（MRI）技术也被应用到水合物研究中。MRI 利用氢质子核在主磁场中受到射频脉冲激发后产生核磁共振，能量发生改变的现象进行成像。它可以探测到游离水和气体中的氢，却不能对固相中的氢成像，因而信号亮度的变化可以清晰地反映水合物的生成与分解过程。Ersland 等人在无外部热输入的条件下对甲烷水合物进行了 CO_2 置换实验，实验系统如图 5.5 所示，通过 MRI 没有观察到游离水出现。

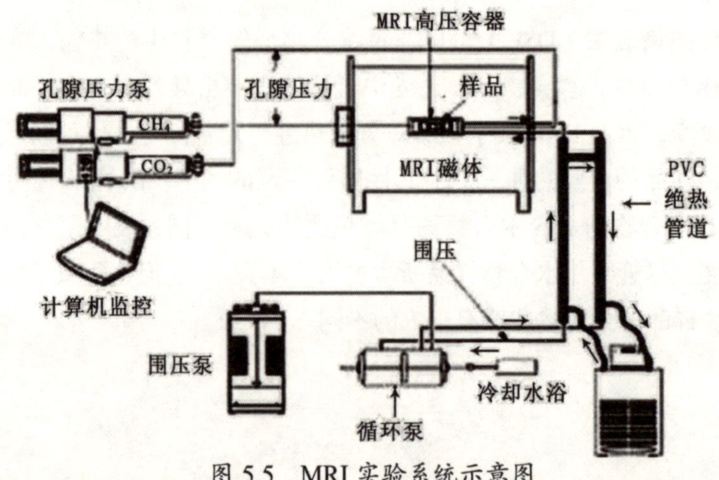

图 5.5 MRI 实验系统示意图

5.3　各种天然气水合物分析方法的优势

随着天然气水合物研究的不断深入和工业技术的不断进步，水合物实验检测与分析技术得到了很大的发展。检测技术中，温压法成本低，应用普遍；光学检测在不含沉积物的水合物实验中是一种灵敏的探测手段；电阻法对水合物的成核—微晶过程十分灵敏，在水合物成核机理的研究中将发挥重要的作用；超声检测和 TDR 技术也可以有效地检测水合物的生成与分解过程。分析技术中，衍射法可用于确定水合物晶体结构；拉曼光谱可以确定客体分子及主体笼子的相对尺寸和相对填充率；核磁共振可以用来识别水合物结构；CT 技术可以对水合物的生成过程进行检测和计算；DSC 则为研究水合物的分解行为提供了手段。

除了以上介绍的这些检测与分析技术外，扫描电镜技术、气相色谱技术高新科技也已应用到水合物的研究中。水合物检测与分析技术将向着可视化程度、检测精度和综合程度更高的方向发展。将更多先进科研仪器与水合物模拟实验相结合，为我们进一步探索天然气水合物的各种特性提供了新方法和新思路。

第 6 章

天然气水合物预测技术

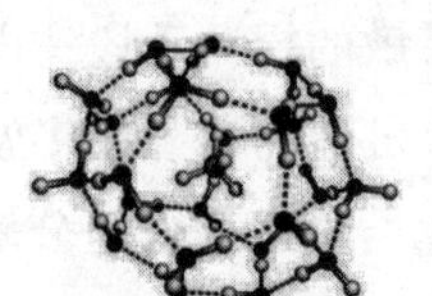

天然气水合物预测技术从量化的角度可分为三类：①定性预测技术；②半定量预测技术；③定量预测技术。对于定性预测技术，主要包括 BSR、振幅空白带、速度异常、水合物底部反射与沉积层斜交等；对于半定量预测技术，主要包括基于属性的半定量预测、综合 BSR 和水合物稳定带的半定量预测等；对于定量预测技术，主要包括基于属性的定量预测、叠后反演、叠前反演等。

6.1 定性预测技术

定性预测技术具有直观、使用简单、易于理解等优点，但定量化程度不够，不利于判断不同位置富集程度差异。目前依据因水合物存在而在地震资料上表现出的典型特征，形成一些基于典型特征的定性预测技术，主要包括 BSR、振幅空白带、速度异常、水合物底部反射与沉积层斜交等。

6.1.1 似海底反射

似海底反射（bottom simulating reflector，BSR），它是指与海底近似平行的界面形成的异常反射特征，在 1970 年被国外学者认为是与可燃冰分布有关的地震特征，国内外很多钻探依据这一特征在海域找到了天然气水合物，比如 ODP 164 航次（1995 年）、ODP 204 航次（2002 年）、IODP 311 航次（2005 年）等发现的可燃冰样品大部分都是与 BSR 有关的。

BSR 的形成有两种模式：第一种是假设形成水合物的甲烷由水合物相应深度处的有机质局部转化而来，这一模式要求 BSR 之下存在足够的游离气以保证 BSR 之上形成大量的水合物，因此这一种 BSR 是由于气层顶部波阻抗差影响的结果。第二种模式是形成水合物的甲烷是随上升的孔隙流体从较深部的沉积物内向上运移，进入水合物稳定区时的结果。这一模式的 BSR 之下不必存在游离气层，BSR 是水合物底界面声阻抗差的结果。因此，对于第一种 BSR，水合物可以分布于整个稳定区域；而第二种模式认为水合物从稳定带底界向上逐步形成，由于向上运移的孔隙流体内的甲烷浓度会逐步下降，因此可能存在一个明显的底界和一个可能的渐变过渡顶界面，并且水合物层的厚度随流体的不断排出而增加。

尽管 BSR 反射特征与天然气水合物的存在并不是一一对应的关系，但二者的确存在很高的关联性（世界海域中超过 80% 的天然气水合物分布区都是通过识别 BSR 来推测的，这也是 BSR 作为发现和预测海洋天然气水合物分布区域重要手段的主要原因。通常 BSR 具有以下几个典型特征：

（1）表现为一个负极性（相对于海底），暗示其下存在一个低声阻抗；

（2）BSR 反射系数大，一般为海底的 30%，因此 BSR 的形成很可能需要高浓度的水合物或其下存在游离气；

（3）含水合物层必须具备一定的厚度，才可能在地震反射剖面上出现 BSR 这一反射特征；

（4）不同频率的激发震源，其地震反射剖面上的 BSR 表现不同；

（5）地震反射部面上的含水合物层顶界面是缺失的，其顶界面可能是逐步过渡。

6.1.2 振幅空白带

振幅空白带（blanking zone），是存在于 BSR 之上的反射波振幅相较于正常的反射波振幅要弱的天然气水合物赋存区域，可用来指示水合物的分布。

6.1.3 速度异常

速度异常是天然气水合物存在的一个重要特征，也是地震勘探可以得到的最重要地球物理参数，因此，提高速度分析精度是识别天然气水合物的关键，提高速度分析精度可用高精度动校正可改善叠加效果，提高天然气水合物地震识别的准确度，尤其是在含天然气水合物的其他地震反射特征并不明显时，突出速度异常特征很重要。

地震数据成像处理中，速度分析精度与子波处理、噪音压制等处理密切相关，另外，增加控制点的数量、反复的速度分析、减小纵向分析时窗等都可以提高速度分析精度。适当的道内插、提高数据的叠加次数对分析精度的提高也有一定的效果。应当指出的是，尽管天然气水合物的存在会导致含天然气水合物沉积层的速度场出现异常，但在地震成像处理中并不总是能准确识别和探测到这一异常的存在，这是由于地震探分辨率受到限制，得到的地层声波反射速度只是一个很低频的信息。但在速度异常值较大的区域，经过一系列提高速度分析精度的处理后，这类异常还是可以在速度谱上表现出来。

6.1.4 水合物底部反射与沉积层斜交

BSR 是水合物稳定带底界的反射，它不是由地层沉积界面引起的反射，而是一种由相变界面引起的反射。在许多地区这种相变界面引起的反射与地层沉积界面引起的反射在剖面上表现的方向基本一致，导致水合物很难被识别，但也有地区相变界面引起的反射是与沉积地层斜交的，成为预测水合物分布的一大技术。图 6.1 是我国东沙海域的一张地震剖面图，图中可清晰看到水合物底部反射与沉积层斜交，成为该区域存在水合物的一大重要证明。

图 6.1 东沙海域水合物底部反射与沉积层

6.2 半定量预测技术

6.2.1 BSR 稳定包络法

水合物稳定带（hydrate stability zone，缩写为 HSZ），是指地下存在一个特定的区域，在这个区域内，温度和压力处于天然气水合物形成的热力学稳定范围内，它表征了可能形成水合物的最大范围。不同学者考虑不同的地质条件（比如温度、压力、盐度、孔隙度、气体组分等）形成了不同的水合物稳定带底界的计算方法，不同学者获得的底界深度是不同的。Sean Baled 等在结合这些方法并在 BSR 特征的基础上提出了预测水合物分布的 BSR 稳定包络法，该方法能够较好地确定有利水合物分布区。图 6.2 为 BSR 稳定包络法在日本南海海槽确定的水合物分布，图中多个界面是用不同方程计算得到的稳定界不同的稳定带底界，图中以白色表示 BSRs 在空间的分布，由图可以看出，BSRs 并不都限定于稳定包络的范围内，文献中把落在稳定包络范围内的作为水合物分布区。

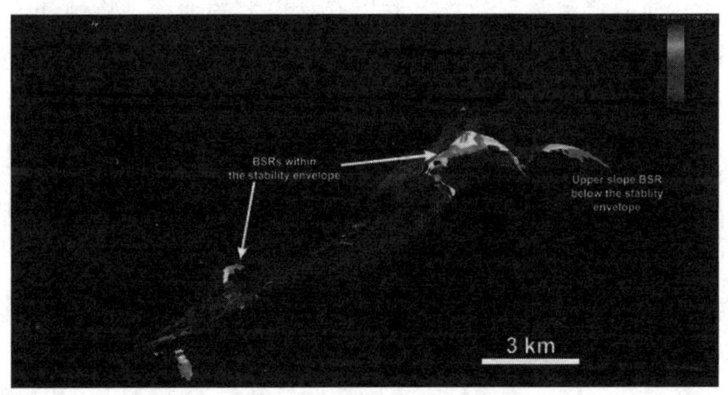

图 6.2　稳定包络法确定水合物分布

6.2.2　基于地震属性的半定量分布预测

地震属性是指从地震数据中导出的关于几何学、运动学、动力学及统计特征的特殊量值。广义地讲，对地震数据做任何一种数学变换都可以获得一种地震属性，例如反映相邻地震道相关程度的互相关、反映地震频谱属性的傅立叶变换、振幅的一阶导数和二阶导数等。从本质上讲，这类属性是没有物理意义的，但大量的实践分析表明，这类属性也包含了一些隐藏于地震数据中的岩性信息；狭义上的地震属性主要指根据物理原理计算的地震属性，具有很明确的物理意义，例如，地震反演获得的波阻抗、密度和纵横波速度、吸收系数、旅行时、振幅、频率和相位。不论是广义的还是狭义的地震属性，都隐含大量的岩性、物性、流体及地层断裂等相关信息。地震属性分析就是从三维地震数据中获得这些隐藏信息，以预测岩相、岩性和含油气性，或定量估算油藏参数，从宏观上揭示沉积、岩性和储层的特征。在有井约束资料时，可以将某些地震属性特征与储层参数建立联系，并将地震属性与相应的储层参数对应，进而揭示储层分布特征。

计算机技术的发展使提取大量地震属性成为可能，进而推动了地震属性分析技术的发展并被广泛应用。最早的地震属性应用就是利用速度与地震反射旅行时信息确定目的层的深度，而当前则更多的应用于地震辅助解释。例如 20 世纪 70 年代，人们就利用楔形体调诺振幅模型这一属性解释薄层；根据地震反射振幅与含气砂岩波阻抗变化的相互关系，提出“亮点”“平点”和“暗点”属性以预测含气砂岩，其中应用最广泛的是通过希尔伯特变换获得“三瞬”剖面，并将瞬时振幅属性与地层岩性阻抗、瞬时频率属性与吸收、瞬时相位属性与地层接触关系建立关联以获得更多的地层、物性和流体等方面的信息。80 年代末期，为了揭示隐藏于地震反射数据中，与地层沉积变化、岩性变化等储层相关的大量信息，三维地震属性开始大量应用于储层预测。90 年代，地震属性分析技术迅速发展并被广泛应用，同时三维可视化解释和体解释也成为现实，这一技术在岩性油气藏的发现和储层预测方面已有很多成功的实例。

理论上讲，地震属性的种类很多，因为任何一种数学计算都能得到一种地震属性，而每一种属性都是从不同侧面反映地层信息。地震属性与地质含义的联系非常复杂，同一种属性在不同地区、针对不同储层，其敏感度不同，而相类似的地震属性对于同一地质体的敏感度具有一定的相似性，因此地震属性的地质意义需要针对特定的研究对象具体分析，尽管有时某一属性成功应用于某一地区，但事实上并没有一个能够解决所有问题的地震属性。不能轻率地将某一地震属性与地下的真实情况匹配或者过度匹配，必须通过正演模拟方法了解地震属性的物理过程和作用、结合研究对象的真实情况和地质目的确定最有效的地震属性，只有这样方可正确理解地震属性的意义。因此，地震属性分析过程包括地震属性提取、优化和预测 3 个环节。

天然气水合物分布受温度和压力控制，不完全受沉积层控制，造成天然气水合物底界形成的强反射 BSR 往往与沉积层序不一致，使得地震反演难以精确，因此针对天然气水合物地震反演研究的对策应该是强化实际地震记录中反射振幅的作用、弱化井和模型的约束作用。通过强化地震振幅在反演过程中的作用，突出天然气水合物的强振幅特征，从而降低 BSR 反射与沉积层的同相轴斜交及测井数据较短导致反演的不确定性，而地震属性反演可以减小沉积层和测井数据对反演的控制，并且可以利用钻井结果标定反演结果，从而达到用三维空间刻画天然气水合物分布的目的。由于不同地震属性对不同地质目标的敏感程度不同，因此，在获得大量地震属性后需要优选对目标相对敏感的属性进行综合分析。针对水合物的地震属性研究采取的主要对策如下：多计算属性体及其级联属性体，少计算层间属性；寻找不同地震属性中共性特征；突出强振幅、低频弱振幅特征，提取敏感地震属性，针对强振幅、低频弱振幅特征，研究更有效的振幅异常体定量识别技术。

6.2.3　基于 AVO 属性的半定量分布

20 世纪 60 年代，地球物理学家们发现，砂岩中如有天然气存在就常常在一般振幅的背景上伴有强振幅（称为亮点）出现。当时以为只要在地震记录上找到亮点就能找到天然气。然而，事实并非如此简单，不久人们发现亮点有局限性，也就是说，除地层含天然气外，一些其他因素（如煤层、火成岩侵入等）也可能引起亮点反射。为此，人们继续探索比亮点更确切的方法，以便在地震记录上直接找到天然气。到 20 世纪 80 年代，勘探工作者在地震记录上发现一些违反常规的现象，即随着检波器离开炮点距离的加大，其接收到的反射能量反而越大，人们把基于这一特性形成的技术称为 AVO 技术，即反射振幅（反射能量）随炮点到检波器距离（简称炮检距）的增大而增大的技术。这是因为地层含气后，含气地层速度发生了明显变化，它改变了岩石的物理性质，从而改变了反射振幅的相对关系。因此，出现了上述反常现象。从某种意义上讲，AVO 技术就是在地震记录上寻找随炮点到检波器距离的增加而增大的振幅。找到它，就能初步确定此处有天然气。这为确定气田位置提供了宝贵资料，使探井成功率大幅度提高。

随着对叠前资料上反射振幅（反射能量）随炮检距变化特征的进一步认识，逐渐形成了一系列 AVO 属性来预测油气分布的 AVO 技术，比如 AVO 截距（简称 P 属性）、AVO 斜率（简称 G 属性）以及 P×G 属性等。早期 G 属性只是被用来预测常规油气分布，随着对天然气水合物认识的发展，人们逐渐发现，该技术也可以用来预测水合物的分布，并逐渐形成了一种针对天然气水合物基于 G 属性的半定量分布预测技术。

6.2.3.1　AVO 技术的基本原理

AVO 的理论基础是 Zoeppritz 方程。后来许多学者对该方程进行了简化，使得 AVO 理论在实际上得到更广泛的应用。

在这众多简化公式中，Shuey 公式是一个比较经典的简化公式，该公式可表示如下：

$$R_{pr}(\theta) \cong A+B\sin^2\theta+C\sin^2\theta\tan^2\theta \tag{1}$$

式中，$R_{pr}(\theta)$表示反射系数；θ为入射角，另外式中A、B、C可表示如下：

$$A=\frac{1}{2}\left(\frac{\Delta\rho}{\rho}+\frac{\Delta V_p}{V_p}\right)$$

$$B=\frac{1}{2}\frac{\Delta V_p}{V_p}-\frac{2}{\gamma^2}\left(2\frac{V_s}{V_s}+\frac{\Delta\rho}{\rho}\right)$$

$$C=\frac{1}{2}\frac{\Delta V_p}{V_p}$$

$$\gamma=\left(\frac{V_{p1}+V_{p2}}{V_{s1}+V_{s2}}\right)$$

该公式的简化公式一：

令 $\tan^2\theta=\sin^2\theta$，得

$$R_{pr}(\theta) \cong A+B\sin^2\theta+C\sin^4\theta \tag{2}$$

简化公式二：

直接舍去公式（2）的第三项，得：

$$R_{pr}(\theta) \cong A+B\sin^2\theta$$

或表示成：

$$R_{pr}(\theta) \cong P+G\sin^2\theta$$

式中，P是截距；G是斜率。

Shuey（1985年）的简化公式主要有以下实践意义：地震勘探合理的假设条件下，简化公式明显地表示了P波反射振幅与介质弹性参数及入射角（或偏移距）之间的关系，这使AVO异常的识别由直观定性阶段进入具有一定程度定量研究阶段，带动了AVO技术的深刻变革。

6.2.3.2 AVO属性的意义

AVO属性是指利用叠前地震数据，是经过数学变换而导出的，有关地震波几何形态、运动学特征、动力学特征和统计学特征。长期以来，人们对地震数据的使用仅局限于对地震波同相轴的拾取，以实现对地质体几何形态的描述。事实上，地震数据中隐藏着非常丰富的有关物性以及流体成分的信息。众所周知，地震信号的特征是由岩石物理特征及其变异直接引起的，所以，地层岩性、物性、流体成分等信息，虽然可能发生各种畸变，但确实是隐藏

在地震数据之中。进行地震分析的目的是消除数据畸变，发现和抽取出隐藏在这些数据中的有关岩性和物性的信息。常规的 AVO 有九种属性剖面，具体物理意义见表 6.1。

在应用 AVO 进行含气检测的研究过程中，大量的试验表明 AVO 1、AVO 4、AVO 6 和 AVO 9 属性剖面对水合物及其游离气的识别有明显效果，它们可以反映水合物成矿带内水合物的富集程度、分布状态。其中 AVO 4 和 AVO 6 对于游离气的反应明显，在 BSR 之下可以看到明显的含气异常。

表 6.1　AVO 属性意义对照表

序号	名称	物理意义及用法
1	AVO 1	截距剖面，零偏移距 P 波叠加剖面
2	AVO 2	梯度剖面，P 波反射振幅随偏移距变化的梯度
3	AVO 3	乘积剖面，P×G 振幅随偏移距增大为峰，反之为谷
4	AVO 4	乘积相关剖面，梯度、截距、相关系数乘积，用于检测气层
5	AVO 5	转换角剖面，表示极性反转出现的角度
6	AVO 6	梯度与截距符号乘积剖面，用于检测气藏
7	AVO 7	相关系数剖面，检测剖面地震资料的可信度
8	AVO 8	连续同号残差统计剖面，检测野外及处理流程中的问题
9	AVO 9	流体因子剖面，反应储层及流体的不同状况

（1）AVO 1 属性剖面

截距（intercept）剖面（P 波叠加剖面）。当入射波垂直入射到界面时 $R \approx R_0$，截距反映了垂直入射时 P 波反射系数的近似值。这里没有转换波，只有反射纵波。因此，由截距值构成的剖面叫 P 波剖面。与常规的叠加剖面相比，P 波剖面更接近于零炮检距剖面，反映地震波在垂直入射时的振幅叠加。截距值大，表明上、下层 P 波速度差值大，反之则小。故可以主要利用该剖面识别 BSR、含水合物和游离气带。

（2）AVO 4 属性剖面

梯度与截距、相关系数乘积剖面（P × G × correlation coefficient）。在该属性剖面中加入了相关系数，剔除或压制了信噪比低的部分。因此可以主要利用该剖面与其他属性结合，来检测游离气。

（3）AVO 6 属性剖面

梯度与截距符号乘积剖面 [sign (P) × G]。它保留了梯度值，但极性变化却取决于梯度与截距的综合。因此，主要利用该剖面与其他属性结合，检测水合物和游离气。

（4）AVO 9 属性剖面

流体因子（fluid factor）剖面。在地震解释中，可以主要利用流体因子剖面，来检测含水合物和游离气带。

6.3 定量预测技术

6.3.1 基于叠后波阻抗反演的定量分布预测技术

由反射波法勘探的原理可知，当地下某一界面上下介质存在波阻抗差异时，地震波传播到这一界面会发生反射从而形成地震反射波。反射波勘探会得到反映地下地质信息的地震资料，对这样地震资料进行处理后会得到叠后地震资料，对叠后地震资料通过一定算法得到反映地下地质信息的纵波阻抗信息。对于由叠后地震资料进行一系列数学变换得到地震波阻抗的过程，称为叠后波阻抗反演。

常用的定量波阻抗反演方法包括递推反演、基于模型的反演。递推反演假定地下介质为层状介质，地层反射界面是平行的，利用声波时差曲线及密度曲线选择标准层，假定已知某层的反射系数，就可以通过递推算法计算相邻地层的波阻抗。这一反演方法的结果依赖地震资料本身的品质，需要地震信号具有较宽的频带、较低的噪声，以及反射信号振幅相对保真，其结果可以很好地反映储集层的物性变化，获得地层的绝对波阻抗，应用领域较广。基于模型的反演是先建立一个初始地层的波阻抗，利用正演计算合成记录，将合成记录与实际数据对比，然后不断地修改阻抗模型，直到获得与实际地层最相近的波阻抗模型，达到反演的目的。这一反演方法精度很高，但需要大量的测井资料。

6.3.2 基于 AVO 反演的定量分布预测技术

AVO 反演，也称为弹性波阻抗反演，该技术是在充分考虑不同地层具有纵横波等弹性参数差异特性的基础上，利用叠前地震资料中地震反射振幅与偏移距表现不同特征而形成的一项地震勘探技术。可以被用来判断地层岩性、物性和流体等储层参数。

由于水合物沉积层与其上覆、下覆沉积层具有明显的纵横波速度、纵横波阻抗和泊松比特征等差异，由 AVO 信息可以反演得到纵波速度、横波速度、泊松比等。

AVO 反演，也称为弹性波阻抗反演，常见的弹性波阻抗反演可分为四步：①时间—角度域道集转换。在利用弹性波阻抗反演之前，首先需要将时间—偏移距域道集转换成时间—角度域道集，Patrick 变换公式可以实现这一公式；②弹性波阻抗反演。对于弹性波阻抗的计算可以利用由 Lu 和 George 给出的弹性波阻抗计算公式获得；③纵、横波波阻抗的求取。将求得与角度有关的弹性波阻抗进一步结合多参数最优化方法可求得地层的纵、横波波阻抗；④其他弹性参数的求取。

第 7 章

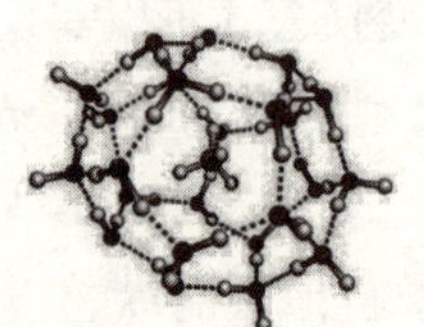

天然气水合物预测技术在南海海域的应用

7.1 定性预测技术在南海海域的应用

7.1.1 珠江口盆地东部

7.1.1.1 地质概况

目标区位于南海北部陆坡东端珠江口盆地东部，水深 500～2 000 m，水深线走向大体平行于海岸线。目标区海底地形比较复杂，地形坡度变化较大，从北向南倾斜下降，上陆坡相对较陡，下陆坡相对较缓，海底平均坡降约为 0.018。在陆坡上发育有海底高原、海底峡谷、陆坡台地、海底斜坡、海谷海丘、冲蚀沟谷、冲刷槽沟等各种特殊构造地貌单元。目标区内发育一系列北东向正断层，密集性大，与泥火山构造形成了气体运移的通道，有利于水合物的形成和发育。目标区内重力流沉积非常发育，其中上中新统和下上新统以三角洲、滑塌扇、浊积扇相为主，滑塌扇分布较为广泛，这种快速沉积有利于形成天然气水合物良好的储层，研究认为浅地层中的天然气有生物气和热解气两种来源。目标区内大部分上部地层的砂质含量较低，以泥质沉积为主，下部地层以浅海—深海碎屑沉积为主，具有较大的沉积厚度和较高的沉积速率，有机质含量较高，热成熟度较低，为生物气的大量形成提供了物质保证。台西南盆地长期以来作为沉积中心，地层沉积较厚，特别是东沙东坳陷，作为台西南盆地的主体，不仅面积大，而且具有较大的沉积厚度，是目标区的主力生烃凹陷，对水合物的形成非常有利。在沉积凹陷区，生气条件良好，有机质丰度高，且已进入成熟和高成熟阶段，局部已处在过成熟阶段，可形成与石油、天然气伴生的热降解和裂解气，为水合物的形成提供了良好的热解气源。

7.1.1.2　利用 BSR 特征预测水合物

图 7.1 是珠江口盆地东部海域过 W05 站位的地震反射剖面。在该剖面上 CDP1000~CDP1200 存在一段连续性较好的强反射，埋藏较深的 BSR，离海底约 250 ms，极性与海底反射的极性相反，推测 BSR 存在区域存在水合物的可能。在 BSR 之下该处断裂不发育，但可见模糊和杂乱反射，多表明该站位附近有气烟囱群的存在，气烟囱群的存在有利于为水合物发育提供较好的地质条件。

图 7.2 是过 W05 的测井曲线图，该井位于目标区西南部，水深 1 127 m，最大井深 267 m。站位位置在测井曲线上表现为高声波速度、高电阻率、高孔隙度、低密度、低自然伽马的“三高两低”异常特征，与一般水合物发育区的测井特征比较相似。该站位在 197～205 m 段钻获扩散型水合物样品，厚度约 8 m，钻井成果说明在该地区可以利用 BSR 特征来帮助预测水合物是否存在。

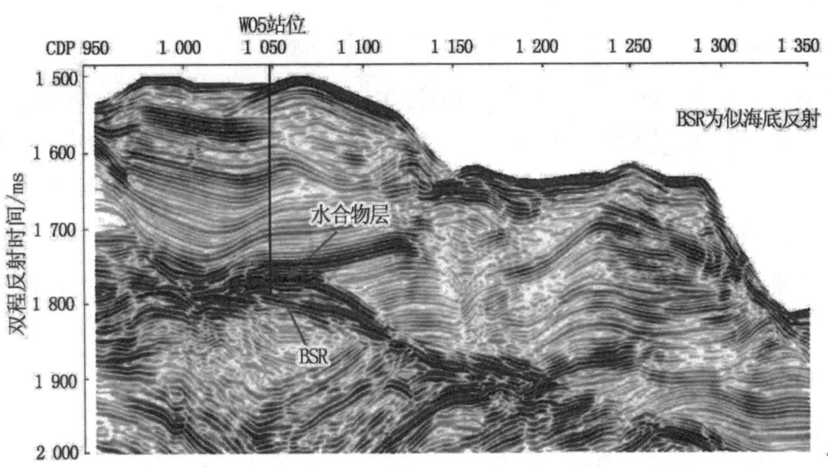

图 7.1　过珠江口盆地东部海域 W05 站位地震剖面图

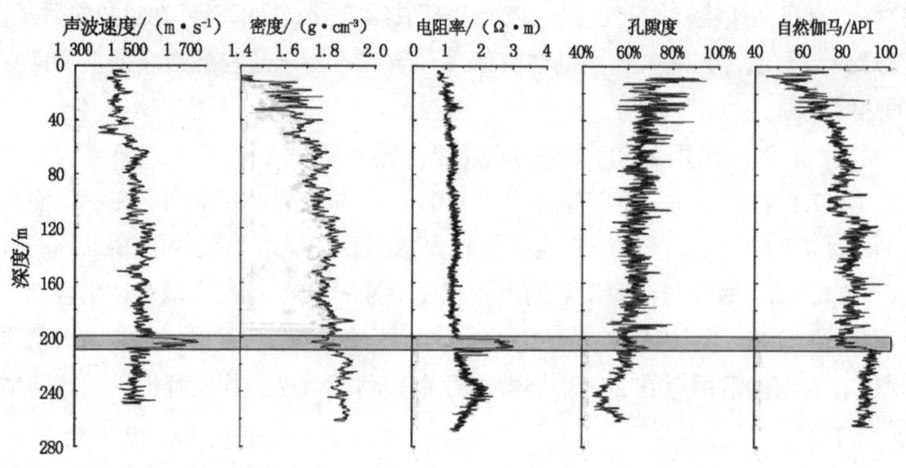

图 7.2 珠江口盆地东部海域 W05 站位先导孔测井曲线图

7.1.2 西沙海域

7.1.2.1 地质概况

西沙海域位于南海北部，经历了古新世—渐新世裂陷成盆和中新世以来的热沉降两个构造演化阶段，具有“下断上拗”双层结构，即下构造层代表市近纪裂陷阶段，上构造层为新近纪—第四纪拗陷阶段。下构造层具断陷作用形成的半地堑或地堑充填特征以及多凸多凹的构造格局，以近源沉积为主，沉积物较粗，充填了渐新统城组、陵水组，属河湖相—海陆过渡相含煤沉积及半封闭浅海相沉积。上构造层为拗陷期沉积，具有中部高、四周低、且被大型凹陷所包围的构造格局，无大型河流供给，为远源海相沉积，充填了中新统三亚组、梅山组、黄流组、上新统莺歌海组及第四系乐东组。目标区位于西沙海域南部的中建南盆地，水深大于 1 000 m，属深水区。

7.1.2.2 利用 BSR 和振幅空白特征预测水合物

图 7.3 是过目标区的某条地震剖面，可以看出在该地震剖面上见到明显的 BSR，该 BSR 具有强振幅强连续、与海底极性相反、与海底近平行以及有穿层现象。在 BSR 之上，水合物的地震速度和密度较高，阻抗较大，而下伏地层因受水合物层遮盖常含有气体，这导致了下伏地层的地震速度和密度降低，阻抗较低，因此在水合物稳定带与下伏地层之间就形成了明显的波阻抗界面，表现为强振幅、强连续反射。地震反射波从海水传播到沉积地层中，是从低

阻抗水到高阻抗地层中，为正极性反射，而地震波从水合物传播到下伏地层中，是从高阻抗介质到低阻抗介质中，为负极性反射，因此 BSR 与海底的极性相反。

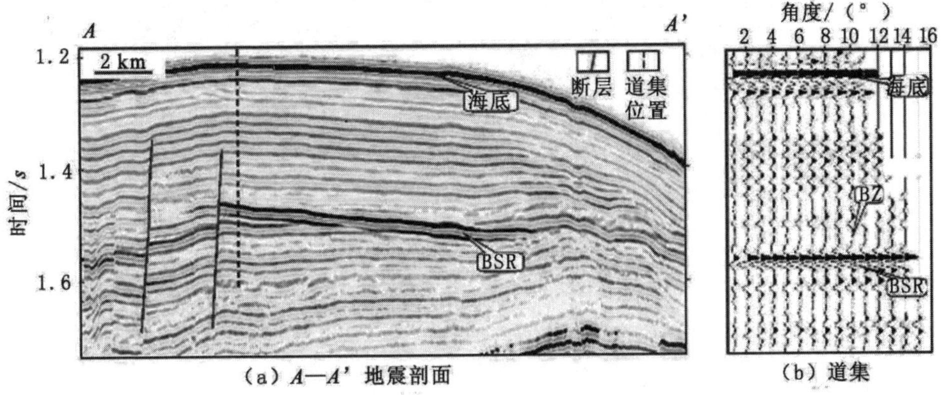

图 7.3　目标区过 BSR 的地震剖面和地震道集

A-A'

在一定区域内，若地质条件相似，则水合物稳定带底部的深度相当，故表现为 BSR 与海底近平行从成因机制上看，因 BSR 是受温度—压力条件控制的，而地层是对构造沉积条件的响应，两者的控制因素不同，故也会出现 BSR 穿层现象。

另外在地震剖面上，还可以看到与 BSR 伴生的振幅空白带（blank zone，简称 BZ），振幅空白带位于 BSR 之上。由于水合物的固结作用，赋存水合物的层段，其密度、速度差异很小可认为接近均质地层而无明显的波阻抗界面，因此地震反射为弱反射甚至是空白反射，如图 7.3（b）所示。

图 7.4 是提取的 BSR 振幅图，区内水合物总体呈北西—南东方向块状布，单块内振幅分布具有中部强且向四周减弱的特点，反映了中部水合物富集且向四周减少的特点。研究分析认为，这可能是受如下因素影响：一是工区内发育气烟囱，其内部含气破坏了地震反射的连续性，将水合物分割呈块状分布；二是水合物富集程度有差异，中部的水合物最富集，与下伏地层之间的波阻抗差异最大，故表现为强振幅反射，而向四周水合物逐渐减少，上下地层间波阻抗差异变小，因此表现为弱地震反射；三是断层对水合物的发育也起到控制作用，水合物富集区的断裂较发育。

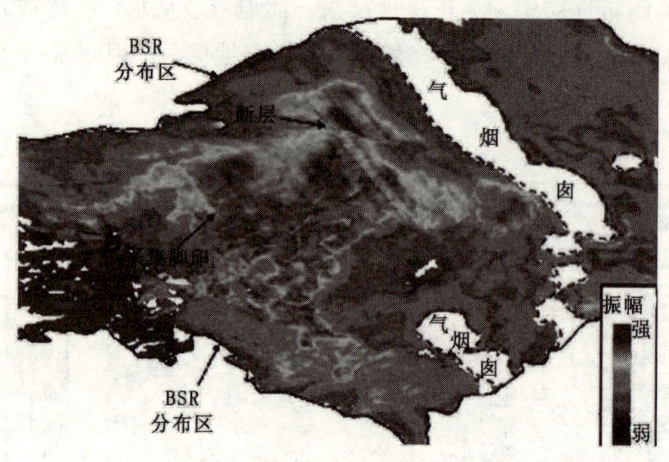

图 7.4　目标区 BSR 振幅分布图

7.2　半定量预测技术在南海北部海域的应用

7.2.1　地质概况

目标区位于南海北部，地质发展经历了由板内裂陷演变为边缘拗陷的过程。区内基底构造复杂，断裂发育，新构造作用活跃，由于受到北东、北东东、东西、北西方向断裂的控制，区内海底地形呈阶梯状逐级下降。在陆坡上发育有深海槽、海底高原、陆坡台地、冲刷槽沟、海底陡崖、海底陡坡和海谷海丘等各种特殊构造地貌或地质体。研究区内张性断层和褶皱构造发育，为下部天然气向浅部地层运移开辟了有利通道，促使气体向上运移到水合物的稳定带上。而褶皱构造更易于实现天然气的捕获，进而形成水合物矿藏。区内还发育一系列可能与天然气水合物有关的特殊构造体，如滑塌体，泥底辟、增生楔等，是天然气水合物发育的有利区域研究区水深在 200～3 000 m，东西横跨约 200 km，南北纵跨 270 km，水深线走向大体与海岸线平行。海底地形比较复杂，坡度变化大，上陆坡陡，下陆坡缓。晚中新世以来，深水重力流相当发育，沉积速率达 40 m/a~120 m/ka，高的沉积速率导致发育有巨厚的中、新生代快速沉积物，厚达几千米，有的甚至超过万米。同时，在沉积中积累大量有机质含量，为细菌降解生成甲烷气提供物源。经过近几年来的调查，区内已发现多处 BSR 发育区，展示出良好的天然水合物勘探前景。

7.2.2　利用 AVO 属性预测水合物分布

7.2.2.1　AVO 资料处理

在利用 AVO 属性预测水合物分布之前，要对所用的 AVO 资料进行合理的处理以满足预测要求，为解释工作提供可信的、足够的资料，以观测和量度振幅随炮检距或入射角的变化。对处理质量要求的核心是：尽可能地恢复和保护振幅信息。处理流程一般包括：①几何扩散校正；②对地层吸收的 Q 补偿；③地表致性振幅处理；④反褶积；⑤静校正；⑥基于统计学的随时间和炮检距变化的剩余振幅综合校。正处理的每一步都要保证正确的振幅与炮检距的关系，处理流程如图 7.5 所示。

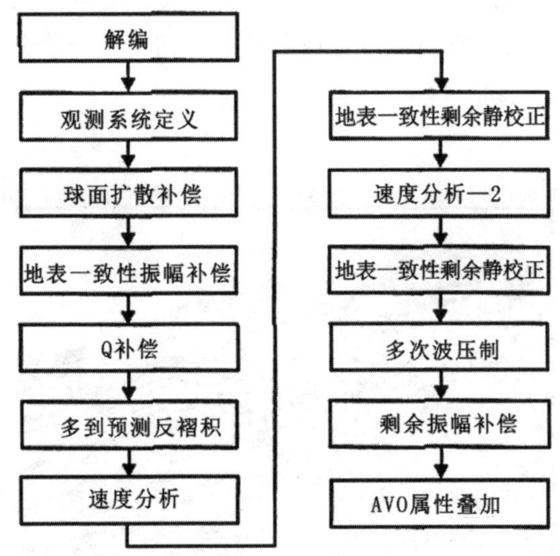

图 7.5　AVO 处理流程

7.2.2.2　AVO 属性预测水合物

图 7.6 是南海北部测线 B 的地震反射剖面。从图 7.6 可以看出，距海底大约 200 ms 处，有二段近似平行于海底的较强反射（BSR），横向上表现为与地层斜交，其连续性较好，BSR 上面有明显的、连续性较好的振幅空白带。

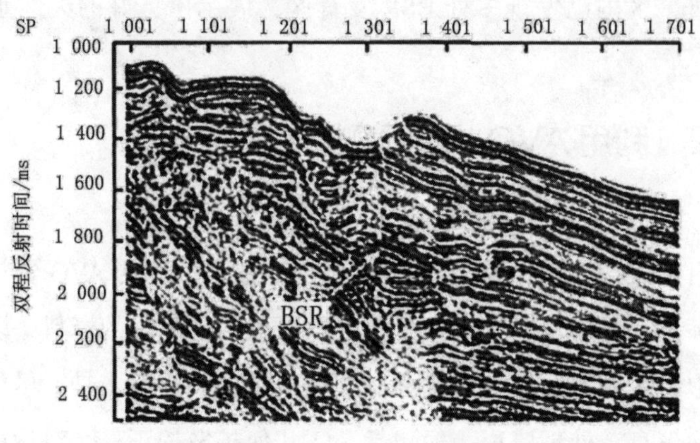

图 7.6　南海北部测线 B 地震反射剖面

图 7.7 为测线 B 的截距剖面（AVO 1 属性剖面）。可以看到，剖面上 BSR 特征为中～强 BSR 反射，强振幅中～高连续，波形极性反转较明显；高截距值集中在 BSR 位置附近，表明 BSR 上下层 P 波速度差值大；BSR 上方表现为弱反射或空白反射，空白带发育情况良好；估计水合物分布均匀，含量较高，是水合物富集的稳定区。

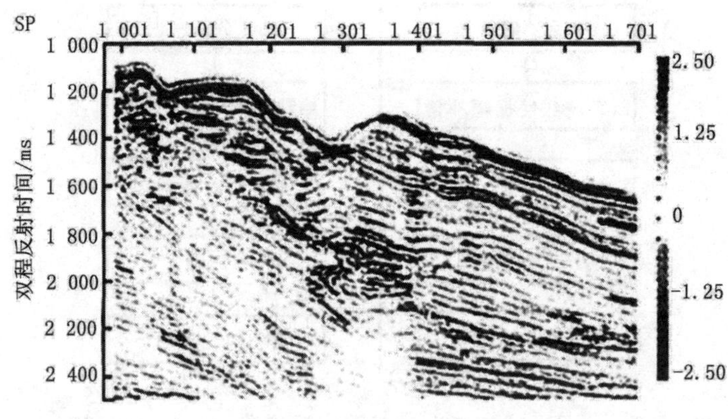

图 7.7　南海北部测线 B 截距剖面（AVO 1 属性剖面）

图 7.8 为测线 B 的梯度和截距与相关系数乘积剖面（AVO 4 属性剖面）。在图 7.8 中，高值区出现在 BSR 下方，表明 BSR 之下有游离气存在，强反射特征为游离气顶的反射。

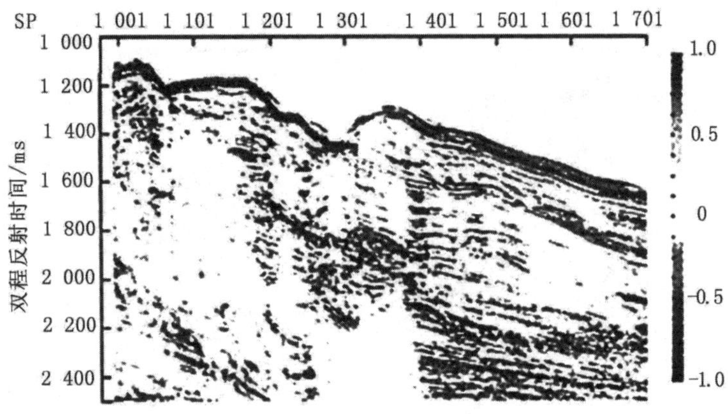

图 7.8　南海北部测线 B 梯度和截距与相关系数乘积剖面（AVO 4 属性剖面）

图 7.9 为测线 BSR 梯度与截距符号乘积剖面（AVO 6 属性剖面），其特征为 BSR 之下为正值，表明 BSR 之下有游离气存在，强反射的发育厚度代表游离气的发育厚度。

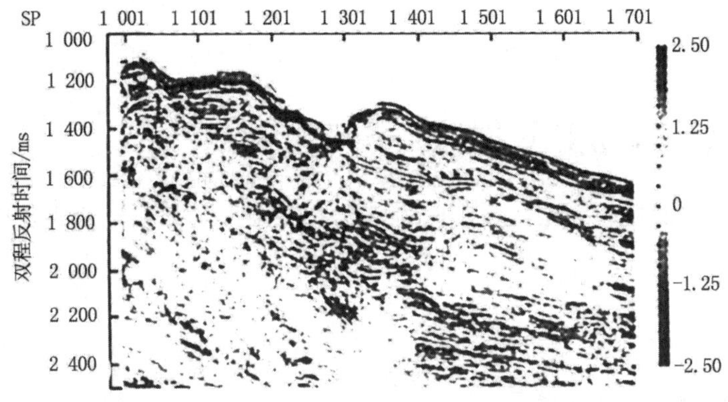

图 7.9　南海北部测线 B 梯度和截距符号乘积的剖面（AVO 6 属性剖面）

图 7.10 为测线 B 流体因子剖面（AVO 9 属性剖面），其特征为：水合物成矿带表现为低幅值（近于零值），游离气带表现为正值。在图 7.10 中，BSR 之上的空白带基本上为零值带，表明这是一个物性均匀的岩体，其内部有微小的强、弱变化，结合其他特征可推测为含水合物带。BSR 之下 100 ms 内基本为正值，高频强烈吸收现象明显，估计游离气丰度较高，为水合物的形成提供了充足的气源。

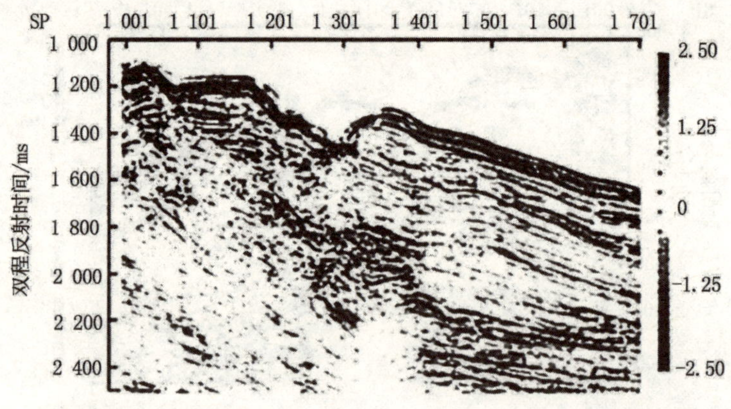

图 7.10　南海北部测线 B 流体因子剖面（AVO 9 属性剖面）

应当指出的是，AVO 各种属性剖面的应用不是绝对的。天然气水合物的发育和赋存，是多种地质因素共同作用的结果。受各种地质条件的影响（如沉积条件、构造条件、温压条件等），水合物成矿带和游离气特征的分析，要依靠各种属性剖面的信息，要相互印证，并结合其他地质、地球物理特征来进行综合分析，最后才能确定存在水合物和游离气的可靠性。

7.2.3　利用常规地震属性来预测水合物

沙志彬等通过研究指出，瞬时振幅、相对极性和能量半衰时等对水合物及游离气比较敏感的属性，并利用这些属性来开展有关水合物及其下部游离气预测研究工作。

7.2.3.1　瞬时振幅剖面

瞬时振幅信息是某一道给定时刻能量的稳定性、平滑性和极性变化的一种度量。它的振幅是反映的振幅包络，它使强反射更强而弱反射更弱，反映了地震波能量的瞬时变化情况。通常含天然气水合物层的波阻抗较下伏游离气层波阻抗高，地震剖面上 BSR 表现为强振幅，而在含水合物层内部由于地层密度相对均匀常常表现为弱振幅特征，与常规地震剖面相比，瞬时振幅信息更能突出 BSR 强反射及水合物发育部位的强反射振幅（图 7.11）。

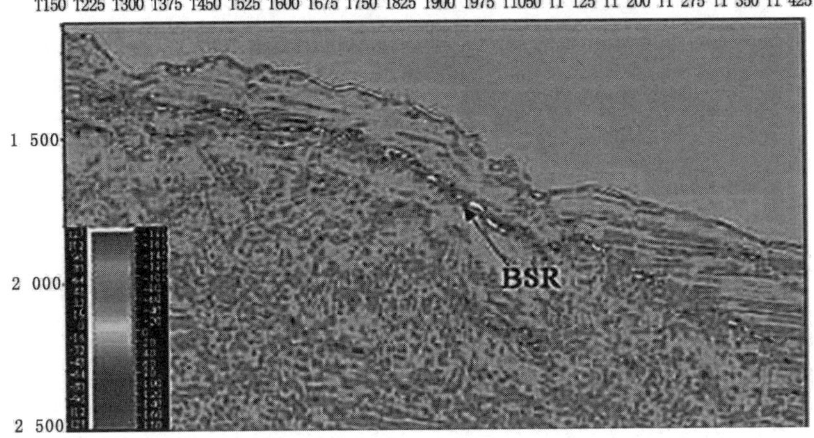

图 7.11 Line1 测线的瞬时振幅属性剖面

7.2.3.2 相对极性剖面

对地震数据进行相对极性地震属性提取，该属性对 BSR、振幅空白和游离气的指示也比较敏感，可以给出比较直观的数据（图 7.12），为天然气水合物解释的可靠性提供了进一步的证据。相对极性剖面上，清晰地显示了 BSR 与海底极性相反，剖面上红白色相间部分就是水合物富集地层。

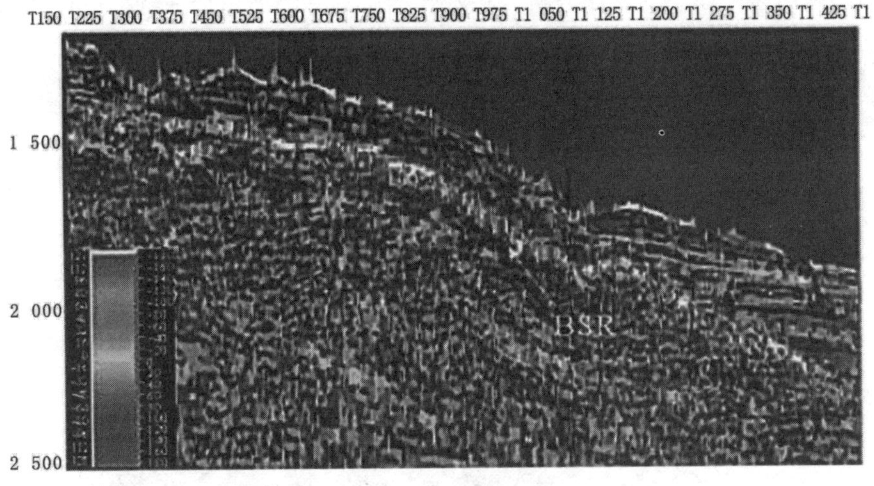

图 7.12 Line1 测线的相对极性属性剖面

7.2.3.3 能量半衰时剖面

对地震数据进行能量半衰时地震属性提取，这种属性对 BSR、振幅空白带和游离气赋存位置的指示也比较敏感，从而可以给出比较直观的感觉（图 7.13），为水合物解释的可靠性提供进一步的证据。能量半衰时剖面上，也清楚地显示了BSR之下游离气对地震波能量的衰减，剖面上黄色部分就是水合物富集地层。

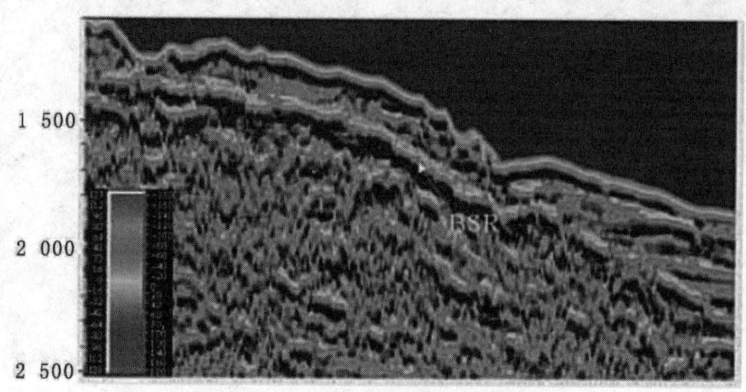

图 7.13 Line1 测线的能量半衰时属性剖面

7.2.3.4 沿 BSR 层提取瞬时振幅属性平面图

二维地震属性剖面可以用来判断水合物在某线纵向的分布，但不能够较好地判断水合物在横向空间上的展布。为了更好地了解水合物在横向空间上的展布，往往需要借助层属性平面图来进行判断分析。层属性平面图能够更加准确地将天然气水合物的分布范围进行圈定，使勘查工作更具有针对性，特别是利用多种属性的对比分析，将水合物所具有的地球物理特征进行多角度、直观地展示。图 7.14 是提取的能量瞬时振幅属性、相对极性属性和半衰减时间属性，综合三个属性切片图可知目标区存在 A、B 两个比较明显的天然气水合物分布区。

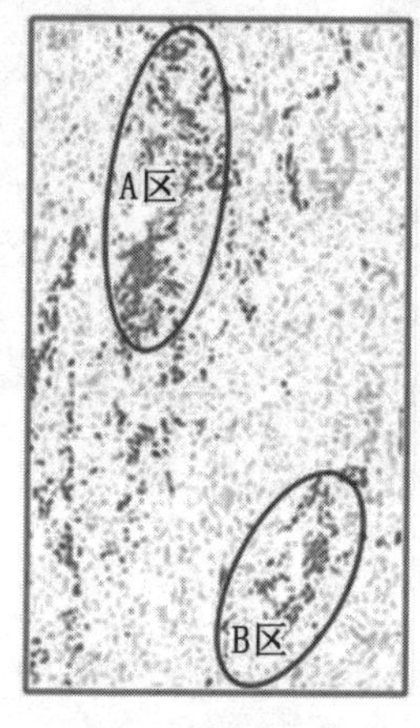

（a）瞬时振幅属性

（b）相对极性属性

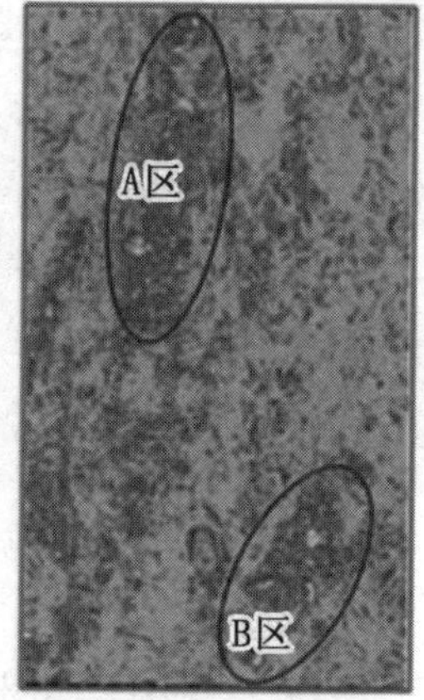

（c）能量半衰时属性

图 7.14 目标区三维数据体沿 BSR 层的属性切片图

7.3　基于波阻抗反演的定量预测技术在南海神狐海域的应用

7.3.1　神狐海域地质概况

神狐海域位于南海北部陆缘，珠江口盆地珠二坳陷白云凹陷南侧，处在陆架到深海的陆坡位置，其南与南部神狐一统暗沙隆起区相接，水深900～1500 m，海底地形总体呈东北高、西南低的斜坡形态。区内存在东沙运动形成的大量断裂和大型底辟带，地层褶皱变形强烈。

7.3.2　钻探情况介绍

2007 年我国在南海北部神狐海域成功钻获了天然气水合物实物样品，钻探结果显示在 8 口钻井中共有 3 个钻位获得了天然气水合物样品，证实了南海北部蕴藏有丰富的天然气水合物资源。

7.3.3　波阻抗反演目的

波阻抗反演目的就是在充分利用地震资料及其他资料的基础上，把地震资料中包含地下储层有关岩性、流体、孔隙度等情况以波阻抗的方式展示出来，为地质人员提供能更好地了解地下储层情况的数据。

7.3.4　波阻抗反演方法选择

目前，国内外运用的波阻抗反演方法主要有两类：一类是递推反演，该类又包括直接的递推反演、稀疏脉冲反演等；另一类是模型约束反演。递推反演能够直接从地震信息中提取反射信息，虽然受到地震资料带宽等限制，但反演过程中能够忠实于地震资料，该反演方法所得到的结果比较符合实际地质情况。反演结果唯一性好，不易出现假象，对测井资料的多少、均匀程度没有明确的要求。这里选用递推反演中的稀疏脉冲反演方法来对神狐海域目标区进行反演。

7.3.5　反演关键环节控制

所谓关键环节是指低频地质模型的建立和相对波阻抗反演。前者需要做好测井资料处理、子波的正确提取、层位的准确标定以及地质模型的正确建立；后者主要是在正确构造模型所建立的条件下，准确提取子波以及正确选取反演参数（图 7.15）。

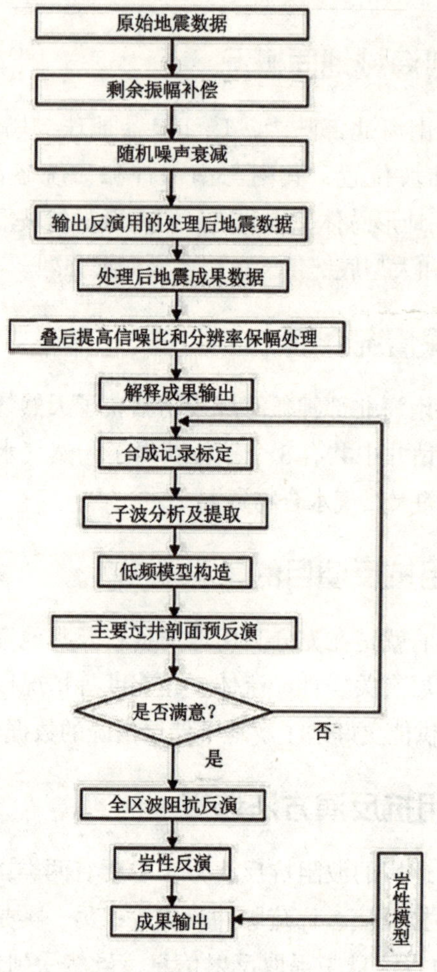

图 7.15　波阻抗反演流程

7.3.6　地震—测井资料联合波阻抗反演

经过极性确定、子波提取、层位标定等解释环节后，为保证标定的可靠性，减少人为因素的干扰，在保证合成记录与井旁地震记录保持良好相关性的前提下，这里采用联井联合标定，合理调整合成记录，使横向上测井曲线的分布变化符合地震道的横向变化规律（图 7.16）。从全井段合成记录相关的统计结果来看，合成记录与井旁地震道具有较好的对应关系。

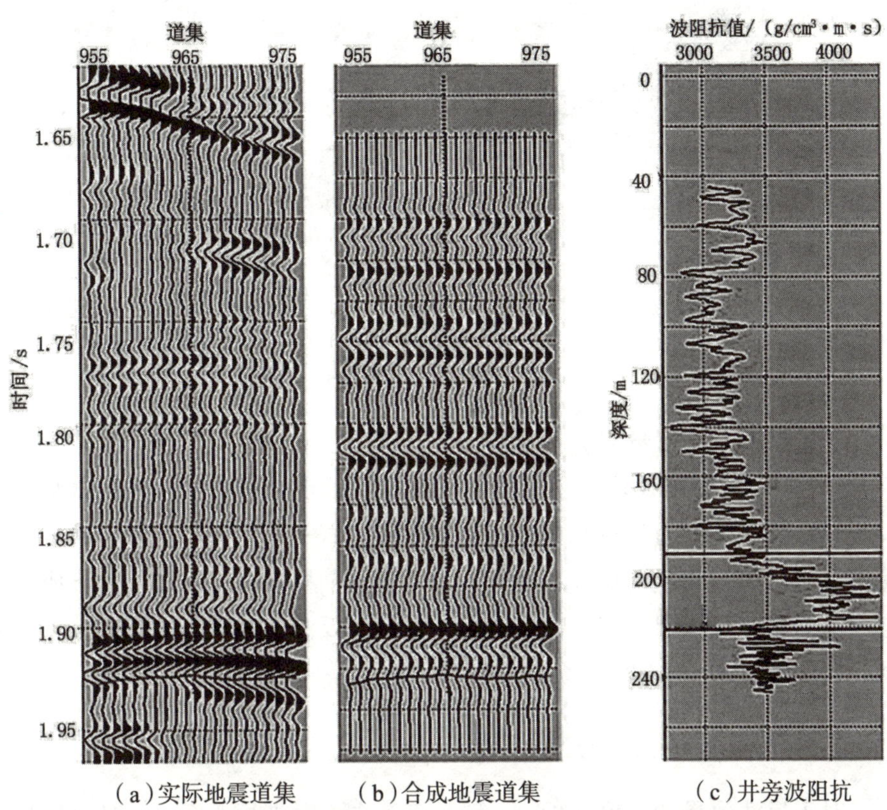

(a)实际地震道集　(b)合成地震道集　(c)井旁波阻抗

图 7.16　测井数据处理后的合成道集与实际地震道集对比

7.3.6.1　地质模型建立

测井资料在纵向上详细解释了岩层的波阻抗细节，地震记录则连续记录了波阻抗的横向变化，两者的结合，为精确地建立空间波阻抗模型提供了必要的条件。建立初始波阻抗模型的过程，实际上就是把横向上连续变化的地震界面信息与高分辨率测井信息相结合的过程。其方法是首先将地震解释层位和断层内插，再根据构造框架模型中定义的地层接触关系，内插外推测井波阻抗数据，形成波阻抗数据体，为稀疏脉冲反演提供低频分量。

将 BSR 层位向下平移 200 ms 与 T_0 层位构建模型框架（图 7.17）。利用反比加权法来进行模型的内插外推来构建地质模型，该方法插值效果较好，其优点是，产生的结果与井之间过渡自然，克服了其他插值方法局部化较严重的现象。

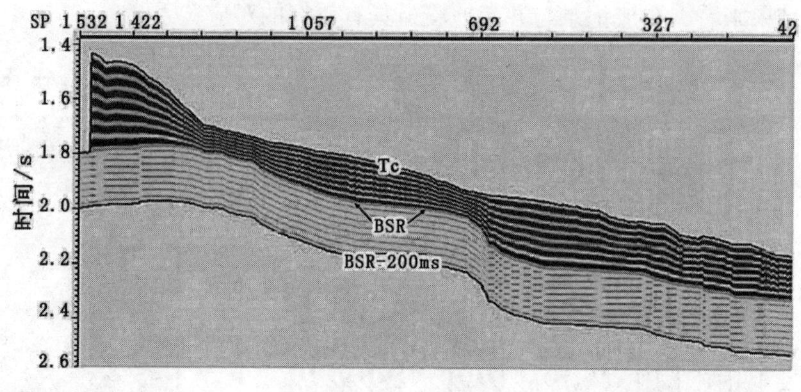

图 7.17　模型框架

7.3.6.2　反演参数选择

选用 Jason 反演模块对稀疏脉冲反演中的多宝阁敏感参数进行试验和选择，这些参数主要有地震采样率、趋势约束方式、子波影响、频带补偿、色标调试等。经过大量的反复试验，应用质量控制模块，反演迭代的合成记录与实际地震剖面效果较好，确定适合目标区的反演参数，在此基础上进行反演，得到稀疏脉冲反演波阻抗的结果。

7.3.7　反演效果分析

对于反演效果的评价分析，一般从三个方面对进行考虑：一是反演结果与已钻遇井的吻合情况；二是反演结果的分辨率是否有明显的提高；三是与未参与反演的井吻合情况。

反演过程中由于加强了对反演过程的质量控制，波阻抗反演剖面很好地反映了目的层 BSR 的岩性变化特征，反演资料的分辨率较高，与地震资料的吻合程度较好。将钻井成果和波阻抗数据进行交互分析后，认为研究区天然气水合物矿体的波阻抗值为 3 850～3 960 g/cm^3 · m/s 时，矿体与波阻抗值吻合度最佳。

（1）反演结果产生的合成记录与原始地震记录剩余差值小。反演效果的优劣一般可直观地通过合成地震剖面与原始地震资料进行比较来确定，当合成地震剖面与原始地震资料的残差越小，则反演效果越好，否则反演剖面的可信度就很低。从残差剖面（图 7.18）可以看出，残差非常小，说明反演结果的可信度是比较高的。

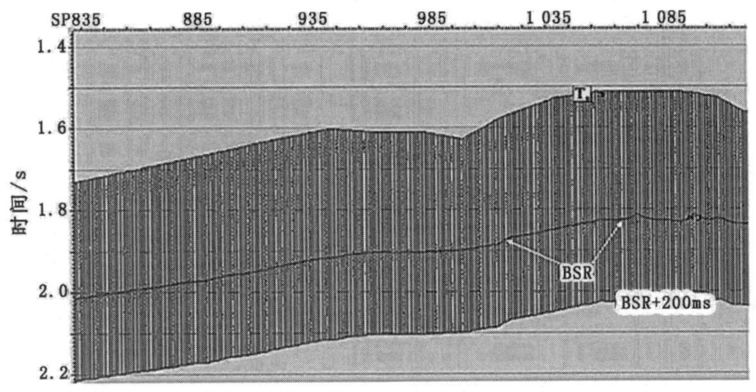

图 7.18　残差剖面图

（2）反演数据体与井旁道曲线对应较好。反演数据体与自然电位测井曲线、声波测井曲线对应较好，矿体波阻抗值明显高于围岩波阻抗值，差异明显。数据体的波阻抗切片，较好地反映了天然气水合物矿体的展布形态。而从过井反演剖面来看，测井解释的天然气水合物矿体在反演数据体上亦清晰可见（图 7.19）。

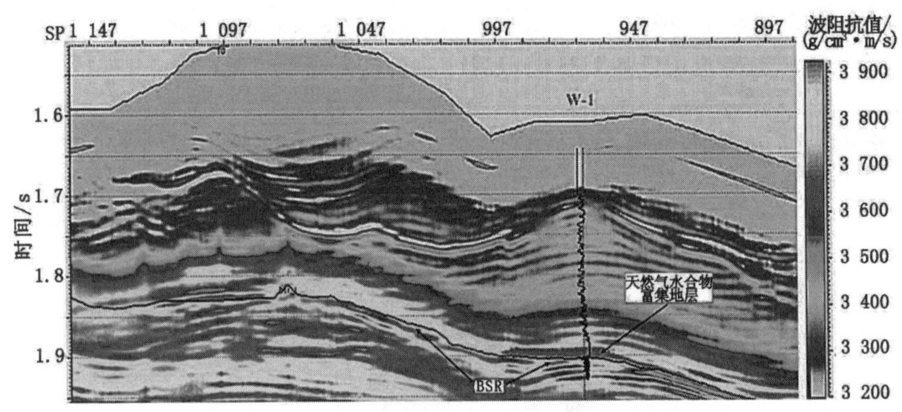

图 7.19　反演的过 W-1 站位的波阻抗剖面

（3）利用已钻遇矿体的井进行检验，吻合度较高。将研究区测井解释矿体与井旁反演道进行对比，钻遇井矿体厚度大于 10 m 的符合较好。在波阻抗剖面上，弱波阻抗（相对低速）与强波阻抗（相对高速）的转换面为 BSR 的发育位置，而波阻抗值为 3 850～3 960 g/cm^3·m/s（BSR 之上的金铜色部分）的区域就是天然气水合物富集地层（图 7.20）。

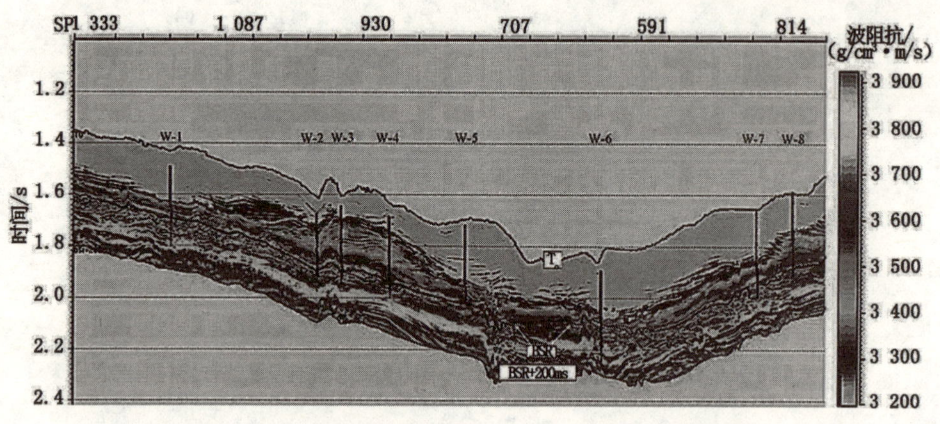

图 7.20 经过 8 个钻探井位的连井波阻抗反演剖面

（4）利用未参与反演的井进行检验吻合很好。反演完成后，对未参与反演的井（W-2 钻位）进行合成记录标定，并将标定结果投影到反演剖面上，井曲线与反演剖面吻合很好，钻遇矿体反应明显，埋藏深度和厚度误差很小。

最后，还做了沿 BSR 向上平移 2 ms（上下 ±5 ms）的波阻抗切片，如图 7.21 所示，图中清楚地显示取得天然气水合物样品的 W-1、W-2 和 W-3 钻位位于高波阻抗值区域（波阻抗值为 3 850～3 960 g/ cm^3·m/s），而没有取得天然气水合物样品的 W-4、W-5 钻位，或经测井证实没有水合物赋存的 W-6、W-7 和 W-8 钻位位于低波阻抗值区域（波阻抗值小于 3 850 g/cm^3·m/s）。所以，综合分析认为该反演数据体波阻抗高低分异明显，地质现象比较清楚，能较准确地反映地下地质情况：可用于储层分析和综合研究工作。

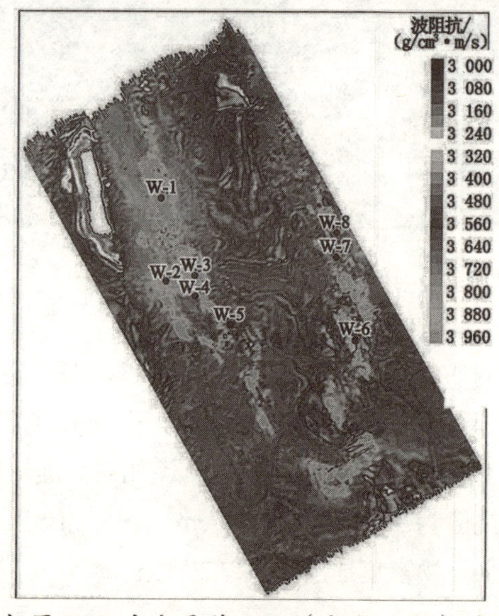

图 7.21 目标区 BSR 向上平移 2 ms（上下 5 ms）的波阻抗切片

参考文献

[1] 杨涛涛，吕福亮，王彬，等．西沙海域南部天然气水合物发育特征及成藏模式 [J]. 海相油气地质，2014，19（3）：66-71．

[2] 杨志力，吕福亮，吴时国，等．西沙海域天然气水合物的地震响应特征及分布 [J]. 地球物理学进展，2013，28（6）：3307-3312．

[3] 杨睿，吴能友，胡忠义，等．多种反演方法在南海北部神狐海域天然气水合物识别中应用 [C]. 中国可再生能源学会学术年会，2011．

[4] 晁静．渤海湾盆地新北油田馆上段储层预测方法 [J]. 石油天然气学报，2009，31（2）：63-66．

[5] 吕琳，王明君，范继璋．地震属性在天然气水合物识别中的应用 [J]. 地球物理学进展，2011，26（2）：596-601．

[6] 岳振欢．海底天然气水合物地震属性分析 [D]. 青岛：中国海洋大学，2013.

[7] 邵宇蓝．叠前弹性波阻抗反演在天然气水合物识别中的应用研究 [D]. 青岛：中国海洋大学，2014．

[8] 王后金，沙志彬，梁劲．南海神狐暗沙海区天然气水合物地震识别特征 [J]. 新疆石油地质，2013，34（1）：83-87．

[9] 沙志彬，梁金强，郑涛．地震属性在天然气水合物预测中的应用 [J]. 海洋地质与第四纪地质，2013，33（5）：185-192．

[10] 李绪宣，钟志洪，伟良，等．琼东南盆地古近纪裂陷构造特征及其动力学机制 [J]. 石油物探与开发，2006，33（6）：713-721．

[11] 梅康夫，徐思煌．沉积盆地沉积物天然水力压裂理论及意义 [J]. 地质科技情报，1997，16（1）：39-45．

[12] 庞雄，陈长民，部磊，等．白云运动：南海北部渐新统一中新统重大地质事件及其意义 [J]. 地质论评，2003，53（2）：145-151．

[13] 汪品先，赵泉鸿，剪知湣，等．南海三千万年的深海记录 [J]. 科学通报，

2005，48（21）：2206-2215.

[14] 王宏斌，张光学，杨木壮，等. 南海陆坡天然气水合物成藏的构造环境[J]. 海洋地质与第四纪地质，2006，23（1）：81-86.

[15] 王振峰，何家雄. 琼东南盆地中新统油气运聚成藏条件及成藏组合分析[J]. 天然气地球科学，2003，14（2）：107-115.

[16] 魏魁生，崔早云，叶淑芬，等. 琼东南盆地高精度层序地层学研究 [J]. 地球科学：中国地质大学学报，2001，26（1）：60-66.

[17] 吴时国，姚伯初. 天然气水合物形成的地质构造分析与资源评价 [M]. 北京：科学出版社，2000.

[18] 张为民，李继亮，钟嘉猷，等. 气烟囱的形成机理及其与油气的关系探讨 [J]. 地质科学，2000，35（4）：449-455.

[19] AMINZADEH F, CONNOLLY D, HEGGLAND R, et al. Geohazard detection and other applications of chimney cubes[J].The Leading Edge, 2002,681-685.

[20] BARBER A J, TJOKROSAPOETRO S, CHARLTON T R. Mud volcanoes, shale diapirs. wrench faults and melanges in accretionary complexes, eastern Indonesia[J]. American Association of Petroleum Geologists Bulletin, 1986,70: 1729-1741.

[21] BARMOUM K, DELLA M, NOGUERA M M. Gas chimneys in the Nile delta slope and gas fields occure[C]//.EAGE Conference on Geology and Petroleum Geology, 2000.

[22] BERNDT C. Focused fluid flow in passive continental margins, Philosophical Transactions of the Royal Society a-mathematical[J].Physical and Engineering Sciences, 2005,363 (1837): 2855-2871.

[23] BERNDT C, BUNZ S, MIENERT J. Polygonal fault systems on the mid-Norwegian margin: A long-term source for fluid flow[J].2003.

[24] RENSBERGEN P, HILLIS R R, MALTMAN A J, et al. Subsurface Sediment Mobilization. The Geological Society of London[J]. Special Publications, 2006, 216: 283-290.

[25] BROOKS J M, COX H B. BRANT W R, et al. Association of gas hydrates and oil seepage in the Gulf of Mexico[J]. Organic Geochemistry, 1986,10 (1-3): 221-234.

[26] BROWN K M. The nature and hydrogeological significance of mud diapirs

and diatremes for accretionary systems[J]. Journal al of Geophysical Research, 1986, 95: 8969-8982.

[27] CAPUANO R M. Evidence of fluid flow in microfractures in geopressure shales[J]. American Association of Petroleum Geologists Bulletin, 1993, 77 (8): 1303-1314.

[28] CARTWRIGHT J A. Episodie basin-wide hydrofracturing of overpressured Early Cenozoic mudrock sequences in the North Sea Basin[J]. Marine and Petroleum Geology, 1994, 11(5): 587-607.

[29] CARTWRIGHT J. The impact of 3D seismic data on the understanding of compaction, fluid flow and diagenesis in sedimentary basins[J]. Joumal of the Geological Society, 2007, 164 (5): 881-893.

[30] CARTWRIGHT J A, DEWHURST D N. Layer-bound compaction faults in fine-grained sediments[J]. Geological Society of America Bulletin, 1998, 110 (10):1242-1257.

[31] CARTWRIGHT J A, LONERGAN L. Volumetrie contraction dunngle compaction of mudrocks: A mechanism for the development of regional scale polygonal fault systems[J].Basin Research, 1996, 8 (2):183-193.

[32] COLLETT T S. Natural gas hydrates of the Prudhoe Bay and Kuparuk River area, North Slope[J]. Alaska: American Association of Petroleum Geologists Bulletin, 1993, 77 (5): 793-812.

[33] COLLETT T S. Energy resource potential of natural gas hydrates[J].American Association of Petroleum Geologists Bulletin, 2002, 86 (11): 1971-1992.

[34] DEWHURST D N, CARTWRIGHT J A, LONERGAN L. The development of polygonal fault systems by syneresis of colloidal sediments[J].Marine and Petroleum Geology, 1996, 16 (8): 793-810.

[35] GAY A, LOPEZ M, BERDT C, et al. Geological controls on focused fluid flow associated with seafloor seeps in the Lower Congo Basin[J]. Marine Geology, 2007, 244 (1-4): 68-92.

[36] GINSBURG G D, SOLOVIEV V A. Mud volcano gas hydrates in the Caspian Sea[J]. Bulletin of the Geological Society of Denmark, 1994(41): 95-100.

[37] GINSBURG G D, IVANOV V L, SOLOVIEV V A. Natural gas hydrates of the worlds oceans (in Russian)[C] //Oil and Gas Content of the Worlds

Oceans, PGO Sevmorgeologia St Petersburg, Russia, 1984, 141-158.

[38] GINSBURG C D, MILKOV A V, SOLOVIEV V A, et al.Gas hydrate accumulation at the Hakon Mosby Mud Volcano[J]. Geology Marine Letters, 1999(19): 57-67.

[39] HE L, WANG K, XIONG L, et al. Heat flow and thermal history of the South China Sea[J]. Physics of the Earth and Planetary Interiors, 2001, 126 (3-4): 211-220.

[40] HEGGLAND R. Detection of gas migration from a deep source by the use of exploration 3D seismic data[J]. Marine Geology, 1997(137): 41-47.

[41] HEGGLAND R. Definition of geohazards in exploration 3D seismic data using attributes and neural network analysis, American Association of Petroleum Geologists Bulletin, 2004(88): 857-868.

[42] HENRY P, XAVIER LE, SIEGFRIED P, et al. Faid low in and around a mud volcano field seaward of the Barbados accretionary wedge: Wesults from Manon cruise[J]. Joumal of Geophysical Research, 1996, 101 (20): 297-323.

[43] HOOPER E C D. Fuid Migration Along Growth Faults in Compacting Sediments[J]. Joumal of Petroleum Geology, 1991, 161-18.

[44] IVANOV M K, LIMONOV A F, VAN WEERING T C E. Comparative charateristics of the Black Sea and Mediterranean Ridge mud volcanoes[J]. Marine Geology, 1996(132): 253-271.

[45] KVENVOLDEN K A. Gas hydrates-geological perspective and global change[J]. Reviews of Geophysics, 1993(31): 173-187.

[46] LANCE S, HENRY P, LE PICHON X, et al. Submersible study of mud volcanoes seaward of the Barbados accretionary wedge: Sedimentology structure and rheology[J].Marine Geology, 1998, 145 (34): 255-29.

[47] LETOUZEY J, KIMURA M. The Okinawa Trough: Genesis of a back-are basin developing along a continental margin[J]. Tectonophysics, 1986(125): 209-230.

[48] LIMONOV A F, VAN WEARING T C E, KENYON N H, et al. Seabed morphology and gas venting in the Black Sea mudvolcano area: Observations with the MAK-I deep-tow sidescan sonar and bottom profiler[J]. Marine Geology, 1997(137): 121-136.

[49] LIU J H. Features of seismic reflection wave in South Okinawa Trough and gelogical interprettion Donghai[J]. Marine Science, 2001, 19 (1): 19-26.

[50] LONERGAN L, CARTWRIGHT J, JOLIY R. The geometry of polygonal fault systems in Tertiary mudrocks of the North Sea[J]. Joumal of Structural Geology, 1998, 20 (5): 529-545.

[51] LUDMANN T, WONG H K. Characteristics of gas hydrate occurrences associated with mud diapirism and gas escape structures in the northwestem Sea of Okhotsk[J]. Marine Geology, 2003 (201): 269-286.

[52] MILKOV A V. Worldwide distribution of submarine mud volcanoes and associated gas hydrates[J]. Marine Geology, 2000 (167): 29-42.

[53] PARK J O, TOKUYAMA H, SHINOHARA M, et al. Seismic record of tectonic evolution and backarc rifting in the southern Ryukyu island are system[J]. Tectonophysics, 1998 (294): 21-37.

[54] ROTHWELL R G, THOMSON J K, AHLER G. Low-sea-level emplacement of a very large Late Pleistocene “megaturbidite” in the western Medit erranean[J]. Sea Nature, 1998 (392): 377-380.

[55] SASSEN R, JOVE S, SWEET S T, et al. Themogenic gas hydrates and hydrocarbon gases in complex chemosynthetic communities, Gulf of Mexico continental slope[J]. Organic Geochemistry. 1999 (30): 485-497.

[56] SHROOT B M, KLAVER G T, SCHUTTENHELM R T E. Surface and subsurface expressions of gas seepage to the seabed-examples from the Southem North Sea[J]. Marine and Petroleum Geology, 2005, 22 (4): 499-515.

[57] SUN Q L, WU S G, CARTWRIGHT J, et al. Shallow gas and its origin in the Pearl River Mouth Basin,northem South China Sea[J]. Marine Geology, 2012 (315-318): 1-14.

[58] SUN Y, WU S, DONG D, et al. Gas hydrate associated with gas chimneys in fine-grained sediments of the northern South China Sea[J]. Marine Geology, 2012 (311-314): 32-40.

[59] TREHU A, RUPPEL C, HOLLAND M, et al. Gas hydrates in marine sediments: Lessons from scientific drilling[J]. Oceanography, 2006, 19 (4): 124-142.

[60] WANG X, WU S, YUAN, et al. Geophysical signatures associated with fluid

flow and gas occurrence in a tectonically quiescent sequence, Qiongdongnan Basin South [J].China Sea Geofluids, 2010, 10 (3): 351-368.

[61] WANG L, WU S G, LI Q P, et al. Architecture and development of a multi-stage Baiyun submarine slide complex in the Pearl River Canyon, northern South China Sea[J]. Geo-marine Letters, 2014 (34): 327-343.

[62] WOODSIDE J M, IVANOV M K, LIMONOV A F. Neotectonics and fluid flow through seafloor sediments in the Easter Mediterranean and Black Seas[C]//UNESCO IOC Tech. Intergovt Oceanogr Comm Parts Ⅰ and Ⅱ. Paris, 1997.

[63] XU W, RUPPEL C. Predicting the occurence, distribution and evolution of methane gas hydrate in porous marine sediments[J]. Journal of Geophysical Research, 1999 (104): 5081-5096.

[64] ZATSEPINA O Y, BUFFETT B A. Phase equilibrium of gas hydrate: Implications for the formation hydrate in the deep sea floor[J]. Geophysical Research Letters. 1997 (24): 1567-1570.

[65] ZHU W, HUANG B, MI L, et al. Geochemistry, origin, and deep-water exploration potential of natural gases in the Pearl River Mouth and Qiongdongnan basins, South China Sea[J]. American Association of Petroleum Geologists Bulletin, 2009 (93): 741-761.

[66] 张丙坤．南海北部深水区天然气水合物相关活动构造类型及其成因机制[D]. 青岛：中国海洋大学，2014.

[67] 吴时国，王秀娟，陈端新，等．天然气水合物地质概论 [J]. 北京：科学出版社，2015.

[68] 张光学，梁金强，张明，等．海洋天然气水合物地震联合探测 [M]. 北京：地质出版社，2014.

[69] 周怀阳，彭晓彤，叶瑛．天然气水合物 [M]. 北京：海洋出版社，2000.